JN058008

ゼロからはじめる

X 【エックス】

（旧Twitter）

基本&便利技

リンクアップ 著

技術評論社

☑ CONTENTS

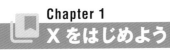

Chapter 1
X をはじめよう

Section 01 　Xってどんなことができるの? ·· 8

Section 02 　Xとツイッターって何が違うの? ·· 10

Section 03 　XはこんなSNSアプリ ·· 12

Section 04 　Xを始める前に知っておこう ·· 14

Section 05 　フォロー／フォロワーとは? ·· 16

Section 06 　AndroidスマホでXをはじめよう ·································· 18

Section 07 　iPhoneでXをはじめよう ··· 23

Section 08 　Xの画面の見方を知ろう ·· 28

Section 09 　タイムラインを使ってみよう ·· 32

Section 10 　フォローしてみよう ·· 34

Section 11 　ユーザー名を設定しよう ·· 35

Section 12 　プロフィールを登録しよう ·· 36

Section 13 　おすすめからフォローする人を探そう ···························· 41

Section 14 　Xでよく使われる言葉を知ろう ······································ 42

Chapter 2
ポストで伝えよう

Section 15　ポストの種類を知ろう ································· 44

Section 16　ポストしてみよう ································· 46

Section 17　写真付きでポストしてみよう ················· 49

Section 18　気になるニュースをポストして広めよう ·········· 51

Section 19　リプライを送って交流しよう ················· 53

Section 20　面白いポストをリポストしよう ················· 56

Section 21　ほかのアカウントにダイレクトメッセージを送ろう ·········· 58

Section 22　長い文章はスレッドでポストしよう ·········· 60

Section 23　リプライを非表示にしよう ················· 62

Section 24　ポストを削除しよう ························· 63

Section 25　ポストをプロフィールに固定しよう ·········· 64

Section 26　「いいね」や「リプライ」を確認しよう ·········· 65

Section 27　リポストや「いいね」の数を確認しよう ·········· 66

Section 28　リプライできるアカウントを制限しよう ·········· 67

☑ CONTENTS

📖 Chapter 3
気になる人をフォローして情報を集めよう

Section 29　Xはフォローすることで楽しくなる ⋯⋯⋯⋯⋯⋯⋯⋯⋯⋯⋯⋯⋯⋯⋯⋯ **70**

Section 30　企業や有名人はXをこんなふうに利用している ⋯⋯⋯⋯⋯⋯⋯ **72**

Section 31　検索でフォローする人を探そう ⋯⋯⋯⋯⋯⋯⋯⋯⋯⋯⋯⋯⋯⋯⋯⋯⋯ **74**

Section 32　企業の公式アカウントをフォローしよう ⋯⋯⋯⋯⋯⋯⋯⋯⋯⋯⋯ **77**

Section 33　災害時に役立つアカウントをフォローしよう ⋯⋯⋯⋯⋯⋯⋯⋯ **79**

Section 34　なりすましなど危険なアカウントに気を付けよう ⋯⋯⋯⋯⋯ **81**

Section 35　フォロー状況を確認してみよう ⋯⋯⋯⋯⋯⋯⋯⋯⋯⋯⋯⋯⋯⋯⋯⋯⋯ **82**

Section 36　フォローを解除しよう ⋯⋯⋯⋯⋯⋯⋯⋯⋯⋯⋯⋯⋯⋯⋯⋯⋯⋯⋯⋯⋯⋯ **84**

📖 Chapter 4
Xをもっと楽しもう

Section 37　Xをとことん楽しもう ⋯⋯⋯⋯⋯⋯⋯⋯⋯⋯⋯⋯⋯⋯⋯⋯⋯⋯⋯⋯⋯⋯ **86**

Section 38　面白かったポストに「いいね」しよう ⋯⋯⋯⋯⋯⋯⋯⋯⋯⋯⋯⋯ **90**

Section 39　また見たいポストを「ブックマーク」しよう ⋯⋯⋯⋯⋯⋯⋯⋯ **92**

Section 40　ポストにどれくらいの反応があったか確かめよう ⋯⋯⋯⋯⋯ **94**

Section 41　気になるアカウントのポストが「通知」されるようにしよう ⋯⋯ **96**

Section 42　興味があることがポストされているか検索してみよう ⋯⋯⋯ **98**

Section 43　検索したポストを絞り込もう ⋯⋯⋯⋯⋯⋯⋯⋯⋯⋯⋯⋯⋯⋯⋯⋯⋯ **100**

Section 44　ハッシュタグでみんなと同じ話題をポストしよう ⋯⋯⋯⋯⋯ **102**

Section 45　いま話題になっていることを見つけよう ⋯⋯⋯⋯⋯⋯⋯⋯⋯⋯ **106**

Section 46　気になるアカウントをリストで整理しよう ⋯⋯⋯⋯⋯⋯⋯⋯⋯ **108**

Section 47　作ったリストを編集しよう ──────────── 110

Section 48　ほかの人が作ったリストをフォローしよう ─────── 112

Section 49　スペースで聞こう／会話しよう ───────── 115

Section 50　有料プランの機能を知ろう ────────── 120

Chapter 5
パソコンで Web ブラウザ版の X を使ってみよう

Section 51　パソコンでXを楽しもう ──────────── 124

Section 52　Webブラウザ版の画面の見方を知ろう ────── 126

Section 53　パソコンからポストしよう ──────────── 128

Section 54　パソコンから写真付きでポストしよう ────── 130

Section 55　パソコンからリプライ／リポストしよう ────── 132

Section 56　パソコンから「いいね」しよう ──────── 134

Section 57　パソコンからブックマークに追加しよう ───── 136

Section 58　パソコンからポストを検索しよう ─────── 137

Chapter 6
こんなときどうする？

Section 59　パクポス、裏垢、アカウント凍結って何？ ───── 140

Section 60　文字を大きくして読みやすくしたい ─────── 142

Section 61　画面を暗くして夜でも読みやすくしたい ───── 143

Section 62　迷惑なアカウントをブロック／ミュートしたい ──── 144

Section 63　知らない人に自分のポストを見られたくない ───── 146

Section 64 　2要素認証を設定したい ································ **148**

Section 65 　通知の設定を変更したい ································ **150**

Section 66 　「通知」 画面に表示される情報を変更したい ········ **151**

Section 67 　DMを誰からでも受け取れるようにしたい ··········· **152**

Section 68 　Xの通信容量を節約したい ························· **153**

Section 69 　メールアドレスを変更したい ························ **154**

Section 70 　パスワードを変更したい ··························· **155**

Section 71 　Xをやめたい ····································· **156**

ご注意：ご購入・ご利用の前に必ずお読みください

●本書に記載した内容は、情報の提供のみを目的としています。したがって、本書を用いた運用は、必ずお客様自身の責任と判断によって行ってください。これらの情報の運用の結果について、技術評論社および著者、アプリの開発者はいかなる責任も負いません。

●ソフトウェアに関する記述は、特に断りのない限り、2024年3月現在での最新バージョンをもとにしています。ソフトウェアはバージョンアップされる場合があり、本書での説明とは機能内容や画面図などが異なってしまうこともあり得ます。あらかじめご了承ください。

●本書は以下の環境で動作を確認しています。ご利用時には、一部内容が異なることがあります。あらかじめご了承ください。
Android端末：Android 14 （XPERIA 1 V、Galaxy S23）
iOS端末：iOS 17.3.1 （iPhone 15）
パソコンのOS：Windows 11
Webブラウザ：Microsoft Edge

●インターネットの情報については、URLや画面などが変更されている可能性があります。ご注意ください。

以上の注意事項をご承諾いただいたうえで、本書をご利用願います。これらの注意事項をお読みいただかずに、お問い合わせいただいても、技術評論社は対処しかねます。あらかじめ、ご承知おきください。

第 **1** 章

Xをはじめよう

Section 01　Xってどんなことができるの?
Section 02　Xとツイッターって何が違うの?
Section 03　XはこんなSNSアプリ
Section 04　Xをはじめる前に知っておこう
Section 05　フォロー／フォロワーとは?
Section 06　AndroidスマホでXをはじめよう
Section 07　iPhoneでXをはじめよう
Section 08　Xの画面の見方を知ろう
Section 09　タイムラインを使ってみよう
Section 10　フォローしてみよう
Section 11　ユーザー名を設定しよう
Section 12　プロフィールを登録しよう
Section 13　おすすめからフォローする人を探そう
Section 14　Xでよく使われる言葉を知ろう

Xって
どんなことができるの?

Xとは、一度に140文字までの文章を投稿できるWebサービスです。投稿した文章は「ポスト」と呼ばれます。文章だけでなく写真や動画、WebページのURLなど、さまざまな情報も投稿することができます。

☑ 情報の発信や収集が気軽に行える

「X（エックス）」は、アクティブユーザー数が3億人を超える匿名登録制のSNS（ソーシャルネットワークサービス）の名称です。もともと「Tweet（小鳥のさえずり、おしゃべり）」を語源としたツイッターという名称でしたが、2023年7月に名称とロゴデザインがXに変更されました。

Xで投稿することを「ポスト」といい、ポストを投稿すると、「タイムライン」と呼ばれる場所に表示されます。自分以外のポストをタイムラインに表示したいときは、ほかの人のアカウントを「フォロー」します。同様に、自分のポストをほかの人に読んでもらうには、自分のアカウントをフォローしてもらう必要があります。このように、気になるアカウントをフォローしていくことで、タイムラインに表示されるポストの数も増えていきます。

第1章 Xをはじめよう

ランチを
食べます!

今日は
いい天気
だなぁ。

https://
www.xxx..
このサイト
面白い!

写真の
投稿

日常のさり気ない
つぶやき

URLなどの
共有

ポストは「タイムライン」と
呼ばれる場所に一覧表示される

最低限のマナーさえ守れば、投稿するポストの内容に決まりはありません。友人のアカウントはもちろん、趣味が合いそうな人のアカウントや好きな有名人のアカウントなどを探し、どんどんフォローしていくとよいでしょう。

☑ ほかのアカウントと交流できる

Xの特徴は、情報の発信と収集だけではありません。タイムラインに表示されたポストに返信したり、アカウントに直接メッセージを送ったりすることで、世界中の人々と交流し、親睦を深めることができます。

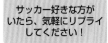

Xには、タイムラインに表示されているポストに対して返信をすることができる「リプライ」という機能があります。共通の趣味を持っているアカウントを見つけたら、リプライしてみるのもよいでしょう。

☑ 情報を拡散できる

自分が読んだポストを、ほかのアカウントにも知らせたいというときは、「リポスト（RP）」機能を使います。リポストは、自分をフォローしているアカウントのタイムラインにも表示されるため、情報を拡散することができます。できるだけ多くの人に知らせたいポストにはしばしば冒頭に「RP希望」などと書かれています。ただし、信ぴょう性の低い情報をリポストしてしまうと、デマの拡散に加担してしまう恐れがあります。ポストの真偽についてはきちんと確認するようにしましょう。

リポストしよう

山田 太郎

【RP希望】東京都〇〇区〇〇町〇丁目付近で、赤い財布を落としてしまいました。もし見つけた方がいたら、このアカウントまでご連絡をお願いします。

リポストすることで自分のフォロワーの
タイムラインにも表示させられる

日々の生活に役立つ情報や紛失物に関するポスト、面白い画像が添付されたポストなどは、多くの人が「ほかの人にも知ってほしい」と考える傾向にあるため、よくリポストされます。数万単位でリポストされたポストは、一時的に流行することを意味する「バズる」という言葉で呼ばれることがあります。

Section 02 Xとツイッターって何が違うの?

Xはもともとツイッターという名称で親しまれてきました。2023年7月に名称が変更されましたが、変更されたのは名称だけではありません。ここでは、Xとツイッターの違いを確認しましょう。

☑ ツイッターの名称が変更されてXになった

2023年7月、起業家であるイーロン・マスク氏によってTwitter（ツイッター）社が買収されたことをきっかけに、サービスの名称がツイッターからXに変更されました。特に、日本人の利用率が高いSNSアプリということもあり、国内でも大きな話題となりました。名称のほかにも、アプリのアイコンや、「ポスト」「リポスト」といったツイッター独自の用語、一部の機能が変更されています。

また、イーロン・マスク氏は今後もXにさまざまな機能を追加する予定と発言しています。実際に、Xに変更されてからのアプリのアップデートや機能の追加、変更は頻繁に行われています。今後の動きにも注目が集まっています。

Memo Xでできることを確認する

Xヘルプセンター（https://help.X.com/ja）にアクセスすると、X活用法や用語集、よくある質問などを確認できます。利用中に困ったことがあったときなどにアクセスしてみるのもよいでしょう。

X ヘルプセンター　　　X活用法　アカウントの管理　安全とセキュリティ　ルールとポリシー　参考資料～

どのようなことをお探しですか？

☑ Xとツイッターの違い

Xとツイッターの大きな違いは有料プランである「Xプレミアム」の存在です。基本的な機能に違いはありませんが、Xプレミアムへの加入によって、拡張された機能が利用できるようになりました。

	X	ツイッター
利用料金	基本は無料。有料プランがある	無料
投稿の名称	ポスト	ツイート
ポストの文字数	基本は140字以内。Xプレミアムに加入している場合、25,000字以内	140字以内
投稿したポストの編集	基本はできない。Xプレミアムに加入している場合、編集可能	できない
ダイレクトメッセージ	フォロー、フォロワー間で利用可能。Xプレミアムに加入している場合、フォロワーでなくても送信可能	どのアカウントに対しても送信可能
認証済みバッジ	青色、金色、グレーがある	青色のみ
2要素認証	Xプレミアム加入者のみ利用可能	だれでも利用可能
広告数	基本は表示される。Xプレミアムに加入している場合、半減	表示される
通話機能	音声通話、ビデオ通話機能が利用可能	なし

Memo Xプレミアムに加入しなくてもXは利用が可能

Xプレミアムに加入すると多くの拡張機能が利用できるようになりますが、加入しなくても基本機能は使えます。「Xプレミアムに加入しなければいけない」ということではありません。表示される広告の数を減らしたい、企業としてのアカウントを運用したい、140字を超える投稿がしたいといった目的があった際に検討しましょう。

Section 03 XはこんなSNSアプリ

Web上で人や組織どうしをつなげるシステムを「SNS（ソーシャルネットワーキングサービス）」と呼びます。ここでは、代表的なSNSとXを比較することで、それぞれの違いを知りましょう。

☑ LINEとの違い

Xは1人でも利用できるのに対して、LINEは、1対1、あるいはグループチャットで知人や友人と連絡を取るために利用されることが多いサービスです。また、音声による通話も可能なので、メールや電話のような連絡手段として捉えるとわかりやすいでしょう。一方、「LINE VOOM」機能によって、Xと同じように写真や文章を投稿することもできます。

LINEは、主に友人や家族との連絡手段として利用されています。アカウントを登録した相手といつでもどこでもメッセージを送り合ったり、電話を掛けたりできる点が特徴です。トピックごとに匿名で意見を交換し合う「LINEオープンチャット」や、Xのように文章や写真、動画を投稿できる「LINE VOOM」機能もありますが、メインの用途としてはあまり使われていません。

☑ Facebookとの違い

Xは匿名でも利用できるのに対して、Facebookは「実名登録」が規約で義務付けられています。実生活と紐付くため、互いに信頼し合った友達や知り合いと交流することを目的に使っている人が多いといえます。幼馴染や昔の同級生とFacebookで再会したということも少なくありません。

友人や知人と近況を語り合ったり、いっしょに楽しんだレジャーの画像を共有したりと、実生活でつながりのある人間関係をオンラインで深めていく点がFacebookの特徴です。

☑ Instagramとの違い

Xは文章をメインに投稿するのに対して、Instagramは写真や動画メインに投稿する点が最大の特徴です。もちろん文章を投稿することもできますが、あくまで写真の内容を説明するためのコメントとして投稿されることが多い傾向にあります。利用者として多いのは20代の男女です。

おしゃれな場所や食べ物など、いわゆる「映える」写真が多く投稿されるのがInstagramです。また、「ハッシュタグ（Sec.44参照）」の使われ方にも違いがあります。Xにおけるハッシュタグは主に検索のために使用されますが、Instagramにおけるハッシュタグはその文言自体が投稿者の気分を表すものとしてよく使われます。

Section 04 Xを始める前に知っておこう

Xは、スマートフォンかインターネットに接続したパソコンがあれば誰でも無料で始めることができますが、事前にいくつか押さえておくべき知識もあります。それらをまとめて解説していきます。

☑ 事前に知っておくべき知識

● 電話番号かメールアドレスを用意しておこう

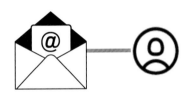

Xを始めるには、電話番号かメールアドレスが必要です。メールアドレスを持っていない場合は、あらかじめ取得しておきましょう。手軽に取得できるメールアドレスとしては「Gmail」などがよいでしょう。

● 「ユーザー」と「アカウント」の違い

ユーザー

Xでは、Xの利用者を「ユーザー」、ユーザーが作成した、サービスを利用するためのIDを「アカウント」と呼びます。アカウントは、アカウント名（Sec.06、07参照）とユーザー名（Sec.11参照）で成り立っており、どちらも好きな名称、文字列を設定できます。

アカウント名

三浦あおい

@miuraaoi202402

ユーザー名

アカウント

14

● 実名でなくてもOK

 高橋 啓介

都内でエンジニア
として働く30歳
です。趣味は映画
鑑賞と登山。同じ
趣味の方とつなが
りたいです！

 KT

都内でエンジニア
として働く30歳
です。趣味は映画
鑑賞と登山。同じ
趣味の方とつなが
りたいです！

Facebookなどとは違い、Xは実名
でもニックネームでも利用すること
ができます。また、Xアカウントを
作成すると、連絡先を知っている人
のXアカウントとつながるかどうか
を決めることも可能です。用途に
よって使い分けるとよいでしょう。

● ポストを投稿しなくても利用はできる

 ……

 今日はいい天気だな〜

 〇〇県〇〇市で事件がありました。

 かわいい猫の画像をお届けします

 猫かわいい！

Xを始めるといえば、とにかく何か
をポストしなければならないと考
えがちですが、何も投稿せずに情
報を収集するだけ、といった使い
方もあります。ほかの人のポスト
を見るうちにだんだんポストすべ
き内容が浮かぶこともあるので、ま
ずはアカウントを作成してみま
しょう。

● 不審なアカウントに注意する

 X始めました！

 はじめまして！
新規Xアカウント限定で、
楽に稼げるお話が
あるのですが、
ご興味ありませんか？

Xにはしばしば、「1日で〇万円稼げ
る副業を紹介します」といった不
審なビジネスを持ちかけるアカウ
ントが登場し、新しくXを始めた人
を狙って声をかけてくることがあ
ります。これらはすべて詐欺なの
で、反応しないようにしましょう。
迷惑なアカウントへの対処法は
Sec.62で詳しく解説しています。

Section 05 フォロー／フォロワー とは？

「フォロー」とは、あるアカウントのポストを自分のタイムラインで読める状態にすることです。「フォロワー」とは、自分をフォローしているアカウントのことです。どちらも、Xでもっとも基本的な用語なので、覚えておきましょう。

☑ フォローの流れ

●フォロー

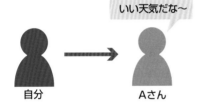

いい天気だな～

自分　　Aさん

Aさんをフォローすると、以後、Aさんが投稿したポストが自分のタイムラインに表示されるようになります。

●フォロワー

今日も1日がんばろう！

自分　　Aさん

Aさんからフォローされると、自分が投稿したポストがAさんのタイムラインに表示されるようになります。このとき、Aさんのことをフォロワー（フォローしている人）と呼びます。

Memo まずは気軽にポストする

有名人のアカウントや、有益な情報をたくさん投稿しているアカウントは、多くの人が「この人のポストを読みたい」と思ってフォローするため、たくさんのフォロワーを持ちます。せっかくXを始めるのですから、たくさんのポストを多くの人に読んでほしいところですが、始めてすぐにたくさんのアカウントにフォローしてもらうのは難しいことです。最初はあまりフォロワー数を気にせず、好きなことを気軽にポストしてみましょう。

☑ フォローしたいアカウントの探し方

Xでは、さまざまな方法でフォローするアカウントを探すことができます。Xのおすすめする
アカウントを芋づる式にフォローしていったり、趣味や興味の合うアカウントを検索して探
したり、外部サイトを通じてより詳細な条件からフォローしたりすることが可能です。

●おすすめアカウントから探す

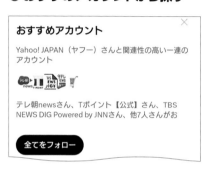

あるアカウントをフォローすると、
関連するアカウントが「おすすめ
アカウント」として表示されます。

●「Who to follow」から探す

自分やほかのアカウントのプロ
フィール画面を表示し上方向にス
クロールすると、「Who to follow」
が表示されます。自分がフォロー
しているアカウントに関連したア
カウントが紹介されています
（Sec.13参照）。

●ポストの内容から探す

「検索」を利用すると、自分の趣味
や興味のあるキーワードを付けて
ポストしているほかのアカウント
を探すことができます（Sec.31参
照）。

06
Androidスマホで
Xをはじめよう

AndroidスマホでXを利用するには、Playストアから「X」アプリをインストールし、スマホの電話番号またはメールアドレスを使ってアカウントを登録します。ここでは、電話番号を使って登録する方法を解説します。

☑ Androidスマホにアプリをインストールする

① ホーム画面またはアプリケーション画面から、[Playストア]をタップして起動します。

② Playストアが起動したら、[アプリとゲームを検索]をタップします。

③ 「x」と入力して、キーボードの🔍をタップして検索します。

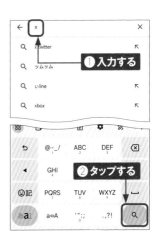

Memo インストールにはGoogleアカウントが必要

Androidスマホにアプリをインストールするためには、Googleアカウントの取得が必要です。「設定」アプリの[ユーザーとアカウント]から取得することができるので、あらかじめ行っておきましょう。

(4) 検索結果が表示されたら、[インストール] をタップします。

(5) アプリのインストールが始まります。

Memo 支払いオプションの追加

Googleアカウントに支払い方法を追加していない場合は、手順⑤の操作後に、「アカウント設定の完了」画面が表示されます。Xは無料アプリなので、[スキップ] をタップすると、支払い方法を登録しなくてもアプリをインストールできます。

(6) インストールが完了したら [開く] をタップするか、ホーム画面またはアプリケーション画面に追加されたアイコンをタップすると、アプリを起動できます。

Memo 「X」アプリをアップデートする

「X」アプリのバグの修正や機能の追加などが行われると、Playストアからアップデートすることができます。「Playストア」アプリを起動したら、画面右上のアカウントアイコン→ [アプリとデバイスの管理] → [アップデート利用可能] の順にタップして「X」の [更新] をタップします。

☑ Androidスマホでアカウントを登録する

(1) P.18 ～ 19を参考に「X」アプリ
のインストールが完了したら、ホー
ム画面またはアプリケーション画
面の、[X] をタップして起動しま
す。

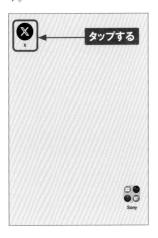

(2) アプリが起動したら、[アカウント
を作成] をタップします。

(3) 言語を選択します。初期設定時に
「日本語-日本語」 が選択されて
いるので、変更がない場合は [次
へ] をタップします。

(4) 「名前」「電話番号」「生年月日」
を入力して、[次へ] をタップしま
す（メールアドレスの登録につい
てはP.22MEMOを参照）。

第1章 Xをはじめよう

⑤ 「アカウントを認証する」画面が表示されたら、[認証する] をタップします。

⑥ 画面の指示に従って認証します。

⑦ 「電話番号の認証」が表示されたら、[OK] をタップします。

⑧ 入力した電話番号宛てに認証コードが記載されたショートメールが送信されます。認証コードを入力して、[次へ] をタップします。

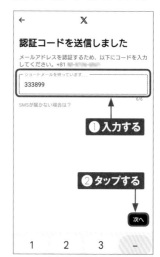

⑨ 8文字以上の英数字を組み合わせたパスワードを入力して、[次へ] をタップします。

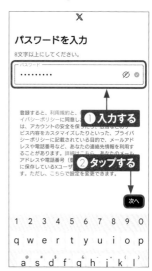

⑩ [今はしない] を2回タップします。

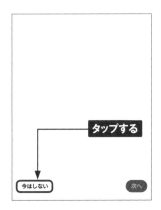

⑪ 通知や連絡先へのアクセスの許可画面が表示されたら、[許可] または [許可しない] をタップします。

⑫ 「アカウントを1件以上フォローしてみましょう」画面が表示されたら、任意のアカウントの [フォローする] をタップし、[次へ] をタップします。

⑬ 「音声通話とビデオ通話が登場しました」が表示されたら、[いいえ] をタップします。Xのホーム画面が表示されます。

Memo メールアドレスでの登録について

P.20手順④で [かわりにメールアドレスを登録する] をタップすると、電話番号ではなくメールアドレスで登録することができます。しかし、現在はセキュリティの強化により、メールアドレスで登録しても電話番号の認証が求められることがあるため、始めから電話番号で登録することをおすすめします。なお、電話番号には携帯電話以外にも、固定電話、IP電話の番号が使用できます。

Section

07

第1章 ▶ Xをはじめよう

iPhoneでXを はじめよう

iPhoneでXを利用するには、App Storeから「X」アプリをインストールし、スマホの電話番号またはメールアドレスを使ってアカウントを登録します。ここでは、メールアドレスを使って登録する方法を解説します。

☑ iPhoneにアプリをインストールする

(1) ホーム画面の[App Store]をタップして起動します。

(2) App Storeが起動したら、画面下部の[検索]をタップします。

(3) 画面上部の検索欄をタップします。

(4) 入力欄に「x」と入力して、キーボードの[検索]をタップします。

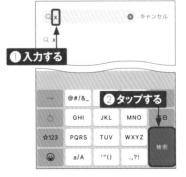

第1章 Xをはじめよう

23

⑤ 「X」アプリの詳細が表示されたら内容を確認し、[入手] をタップします。

⑥ 画面下部に確認画面が表示されたら、[インストール] をタップします。「Apple IDでサインイン」が表示されたら、パスワードを入力して [サインイン] をタップします。

⑦ アプリのインストールが始まります。

⑧ インストールが完了したら [開く] をタップするか、ホーム画面に追加されたアイコンをタップすると、アプリを起動できます。

Memo 「X」アプリを
アップデートする

iPhoneの「X」アプリでアップデートが行われると、App Storeから更新できます。「App Store」アプリを起動したら、画面右上のアカウントアイコン→ [購入済み] の順にタップし、「X」の [アップデート] をタップします。

☑ iPhoneでアカウントを登録する

(1) P.23 ～ 24を参考に「X」アプリのインストールが完了したら、ホーム画面の [X] をタップして起動します。

(2) アプリが起動したら、[アカウントを作成] をタップします。

(3) 「名前」「生年月日」を入力します。「電話番号」の入力中に、[かわりにメールアドレスを登録する] をタップします。

(4) メールアドレスを入力し、[次へ] をタップします。

⑤ 「アカウントを認証する」画面が表示されたら、[認証する] をタップし、画面の指示に従って認証します。

⑦ 8文字以上の英数字を組み合わせたパスワードを入力して、[次へ] をタップします。

⑥ 入力したメールアドレス宛てに認証コードが記載されたメールが送信されます。認証コードを入力して、[次へ] をタップします。

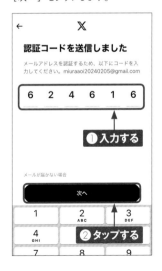

⑧ [今はしない] を2回タップします。

⑨ 通知や連絡先へのアクセスの許可画面が表示されたら、[許可]または [許可しない]をタップします。

名前を入力

Twitterで使われるアドレスです。英数字のみ使用できます。すでに使われているものは設定できません。後から変更することもできます。

ユーザー名
@hQIYmRIPbL1448

@oi_pb, @oi_ym もっと見る

"X" は通知を送信
します。よろしいですか?
通知方法は、テキスト、サウンド、アイコンバッジが利用できる可能性があります。通知方法は "設定" で設定できます。

許可しない　　　許可

タップする

次へ

⑩ 興味のあるトピックを3つ以上タップして選択し、[次へ]をタップします。次の画面で[次へ]をタップします。

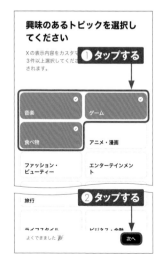

興味のあるトピックを選択してください

Xの表示内容をカスタ
3件以上選択してくだ
されます。

①タップする

音楽　　　　　ゲーム

食べ物　　　　アニメ・漫画

ファッション・　エンターテインメン
ビューティー　　ト

旅行　　　　　**②タップする**

よくできました　　　　次へ

⑪ 「お見逃しなく」画面が表示されたら、任意のアカウントの[フォローする]をタップし、[次へ]をタップします。

X

お見逃しなく

フォローすると、ツイートがホームタイムラインに表示されます。関連性　**①タップする**
す。

アカウントを1件以上フォローしてみましょう

むにぐるめ(唯一無二…◎
@muni_gurume　　　　　フォローする
年間1200件くらい全国のグルメを食べ歩きしてます!インスタ&YouTube&TikTok &LINE も同じ名前です。SNS フォロワー数720万突破!お仕事の依頼はメールへ
→munigurume@yahoo.co.jp

任天堂株式会社 ◎
@Nintendo　　　　　　　フォローする
任天堂からのお知らせや、ホームページの更新情報をお伝えします　　　　　**②タップする**
り抜き太郎】ボ
すかる)父上:わたお (@wait_ar) ヘッダー:
Photo By ゆうと。(@musicmagic3923)

次へ

⑫ Xのホーム画面が表示されます。

X　　　　　　　⚙

おすすめ　　　　　フォロー中

上野動物園【公式】◎ @UenoZoo... 2時間 …
さて、#ニホンカモシカ はどこにいるかな?

#このクイズときどきやる
#オンラインで動物観察

ALT

♡ 56　　⟲ 110　　♡ 982　　il 4.8万　　🔖　⬆

上野動物園【公式】◎ @UenoZoo... 1時間 …
「つなぐ ジャイアントパンダ飼育の50年【抄本】」の一部について、内容に間違いがございましたので、一時的に販売を休止し、訂正シールを作成しております。
なお、すでに店頭で購入されたお客様につきましては、対応方法を検討中ですので、もうしばらくお待ちください。通信販売サイト「TOKYO ZOO... さらに表示

♡ 4　　⟲ 25　　♡ 234　　il 2.4万　　　+

08 Xの画面の 見方を知ろう

「X」アプリのインストールとアカウントの設定が完了したら、各画面の見方を覚えましょう。ここでは、基本的な画面構成と各種メニューの名称、機能を解説していきます。

☑ ホーム画面の各部名称

タイムラインが表示されるホーム画面は、Xの基本となる画面です。ほかの画面に移りたいときは、画面下部のメニューバーのアイコンをタップします。

プロフィールの編集や設定の変更、ブックマークやリストの表示などができます。

タイムライン表示を切り替えられます。

タイムライン。自分がフォローしたユーザーやおすすめのアカウントのポストが表示されます。

ホーム画面が表示されます。

検索画面が表示されます。

タイムラインにリストを表示できます。

ポストを作成できます。

メッセージ画面が表示されます。

通知画面が表示されます。

コミュニティ画面が表示されます。

☑ 検索画面の見方

ホーム画面でQをタップすると、検索画面が表示されます。キーワードを入力して関連ポストを探したり、トレンドになっているトピックを確認したりできます（Sec.31、42参照）。

検索欄にキーワードを入力すると、関連するポストが表示されます。

トレンドのトピックを選択できます。「For you」では自分がフォローしているアカウントや「いいね」したポストに関するトピックのトレンドが表示されます。

「この場所のコンテンツを表示」のオン／オフを切り替えられます。

X上で話題になっている（多くポストされている）トレンドが表示されます。タップすると、話題に関するポストが表示されます。

トレンドに興味がなかったり、有害だと感じたりしたときに非表示にできます。

Memo 「この場所のコンテンツを表示」とは

「この場所のコンテンツを表示」をオンにしていると、スマートフォンの位置情報を利用して、周辺で話題になっていることがトレンドとして表示されるようになります。

☑ コミュニティ画面の見方

ホーム画面で🏛をタップすると、コミュニティ画面が表示されます。コミュニティとは特定の話題について関心があるアカウントでグループを作ることができる機能です。

コミュニティを
検索できます。

「新しいコミュニティを見つける」の表示回数を減らすことができます。

コミュニティが一覧表示されます。コミュニティをタップし、[参加する]をタップすると参加できます。

☑ 通知画面の見方

ホーム画面で🔔をタップすると、通知画面が表示されます。自分のポストを「いいね」したアカウントやリプライの確認ができます（Sec.26参照）。

通知の設定を変更でき、通知の表示／非表示などを選択できます。

通知を「すべて」「認証済み」「@ツイート」に分けて確認できます。

自分のポストを「いいね」したアカウントや自分をフォローしたアカウント、リプライの確認ができます。

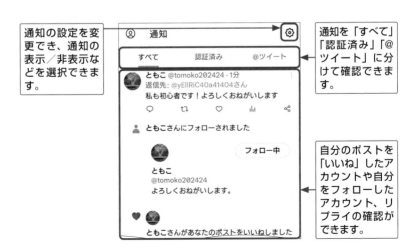

☑ メッセージ画面の見方

ホーム画面で✉をタップすると、メッセージ画面が表示されます。ほかのアカウントとのダイレクトメッセージを確認できます（Sec.21参照）。

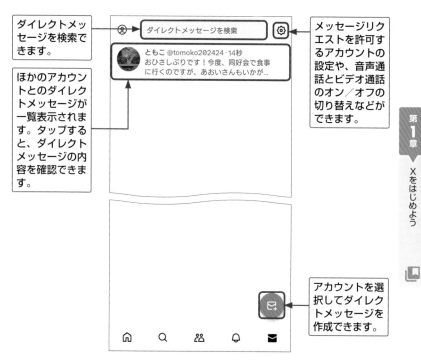

ダイレクトメッセージを検索できます。

ほかのアカウントとのダイレクトメッセージが一覧表示されます。タップすると、ダイレクトメッセージの内容を確認できます。

メッセージリクエストを許可するアカウントの設定や、音声通話とビデオ通話のオン／オフの切り替えなどができます。

アカウントを選択してダイレクトメッセージを作成できます。

Memo メニューバーのアイコンに青いマークが付いているとき

画面下部のメニューバーのアイコンに青いマークや数字が付いていることがあります。これは通知を表すマークです。ホーム画面のアイコンの場合は、新着のポストが投稿されており、通知画面のアイコンの場合は、「いいね」やリポストの新着通知が届いています。

Section 09 タイムラインを使ってみよう

タイムラインとは、自分が投稿したポストとフォローしたアカウントのポストが表示される場所です。情報の発信や収集、ほかのアカウントとの交流も、主にこのタイムラインで行われます。

☑ タイムラインとは

第1章 Xをはじめよう

タイムラインにはフォローしているアカウントのポストが表示され、上方向へ画面をスライドしていくことで読み進めることができます。また、ポストの返信やリポスト、いいねをすることもタイムラインから行うことができます。

タイムラインには、プロモーション用のポストなど、自分がフォローしていないアカウントのポストが表示されることもあります。

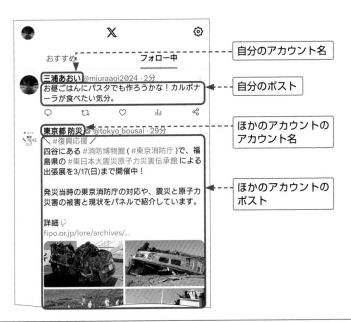

- 自分のアカウント名
- 自分のポスト
- ほかのアカウントのアカウント名
- ほかのアカウントのポスト

自分とほかのアカウントのポストを見分けるには、アカウント名やユーザー名（Sec.11参照）を確認します。Xを始める際に設定したアカウント名の下に、自分のポストが表示されます。

☑ タイムラインの表示を切り替える

タイムラインには「おすすめ」と「フォロー中」の2種類があります。「おすすめ」には多くの人が「いいね」をしたポストなど、自分がフォローしていないアカウントのポストが表示され、「フォロー中」には自分がフォローしているアカウントのポストやリポストが表示されます。

<table>
<tr>
<td>①</td>
<td>ホーム画面を表示し、[フォロー中]をタップします。</td>
<td>②</td>
<td>フォローしているアカウントのポストが新着順に表示されます。もとの表示に戻したい場合は[おすすめ]をタップします。</td>
</tr>
</table>

Memo　関連性の薄いポストの表示回数を減らす

タイムラインには、広告ポストや直接フォローしていないアカウントのポストが表示されることもあります。 ⋮ をタップして[この広告に興味がない]や[このポストに興味がない]をタップすると消去することができます。

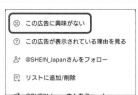

Section

10 フォローしてみよう

ほかのアカウントをフォローしていないと、タイムラインには何も表示されません。
アカウントをタップして、[フォローする]をタップするだけなので、まずは気に
なるアカウントをフォローしてみましょう。

☑ ほかのアカウントをフォローする

① タイムラインのリポスト（Sec.20
参照）やポスト検索（Sec.42参
照）から、フォローしたいアカウン
トのポストをタップします。

③ 相手のプロフィールとポストが表
示されます。[フォローする]をタッ
プします。

② ポストの詳細が表示されたら、ア
カウント名をタップします。

④ フォローが完了すると、「フォロー
中」と表示されます。

Section
11

ユーザー名を
設定しよう

ユーザー名とは、アカウントを識別するための英数字のことで、タイムライン上では「@ 〜」と表示されます。Xにログインするときやアカウントの検索などで使われるため、わかりやすいユーザー名に設定しましょう。

☑ ユーザー名を設定する

① 画面左上のアカウントアイコンをタップします。

② [設定とサポート] → [設定とプライバシー] の順にタップします。

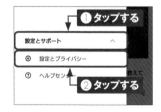

③ [アカウント] → [アカウント情報]の順にタップします。

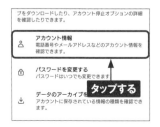

④ [ユーザー名] をタップします。

⑤ 「新しいユーザー」の入力欄に変更したいユーザー名を入力し、[完了] をタップすると、ユーザー名が変更されます。

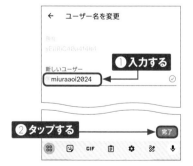

35

Section 12 プロフィールを登録しよう

Xでは、アイコン画面や自己紹介などのプロフィール情報を登録できます。プロフィールは、ほかのアカウントに自分のことを知ってもらい、フォロワーを増やすためにも重要です。

第1章 Xをはじめよう

☑ プロフィールとは

ホーム画面でアカウントアイコンをタップし、[プロフィール] をタップすると自分のプロフィール画面が表示されます。プロフィール画面ではアカウントアイコンやヘッダーの画像、ユーザー名、自己紹介などが確認できます。位置情報や生年月日、WebページのURLの表示も可能です。

ホーム画面に戻ります。

ヘッダーが表示されます。

プロフィール画像が表示されます。

アカウント名とユーザー名です。

フォロー数とフォロワー数を確認できます。

プロフィールの共有、下書きの表示ができます。

アカウントのポストを検索できます。

プロフィールを編集できます。

自己紹介を確認できます。

位置情報や生年月日、Webサイトなどが表示されます。

☑ プロフィールを登録する

(1) 画面左上のアカウントアイコンを
タップします。

(2) メニューから、[プロフィール]をタップします。

(3) 自分のプロフィール画面が表示されたら、[プロフィールを入力]を
タップします。

(4) 「プロフィール画像を選ぶ」画面
が表示されます。[アップロード]
（iPhoneの場合は[画像をアップロード]）をタップします。

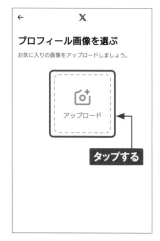

⑤ すでに保存してある画像を設定したい場合は、[フォルダから画像を選択]（iPhoneの場合は[ライブラリから選択]）をタップし、写真へのアクセス許可が求められたら、[許可]（iPhoneの場合は[OK]）をタップします。

⑥ 画像の保存先を選択し、プロフィール画像に設定したい画像をタップします。

⑦ ドラッグ操作やピンチ操作で画像の位置やサイズを調整し、[使う]（iPhoneの場合は[選択]）をタップします。

⑧ プロフィール画像が適用されます。[次へ]をタップします。

⑨ 「ヘッダーを選択」画面が表示されたら、[アップロード] をタップします。

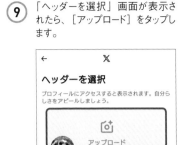

⑩ すでに保存してある画像を設定したい場合は、[フォルダから画像を選択] (iPhoneの場合は [ライブラリから選択]) をタップします。

⑪ 画像の保存先を選択し、ヘッダー画像に設定したい画像をタップします。

⑫ ドラッグ操作やピンチ操作で画像の位置やサイズを調整し、[適用する] (iPhoneの場合は [選択]) をタップします。

⑬ ヘッダー画像が適用されます。[次へ] をタップします。

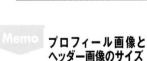

Memo プロフィール画像とヘッダー画像のサイズ

Xのプロフィール画像のサイズは、400×400px、ヘッダー画像は1,500×500pxが推奨されています。

39

(14) 自己紹介を入力する場合は、[自己紹介] をタップして自己紹介文を入力し、[次へ] をタップします。

(15) ユーザー名を設定していない場合は、ユーザー名を入力し、[次へ] をタップします。

(16) 位置情報を入力し、[次へ] をタップします。「クリックして変更内容を保存」画面が表示されたら、[保存] をタップします。

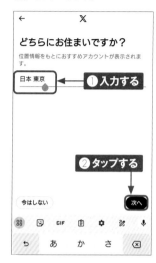

(17) プロフィール画面が表示され、登録したプロフィールが適用されていることを確認します。

Section 13 おすすめから フォローする人を探そう

Xには、自分のフォロー傾向にマッチしたアカウントを表示する「Who to follow」機能があります。アイコンをタップするだけで、気の合いそうなアカウントをかんたんに探すことができます。

☑ 「Who to follow」から探す

① 画面左上のプロフィールアイコンをタップし、[プロフィール]をタップします。

② 画面を上方向にスワイプすると、「Who to follow」が表示されます。「Who to follow」では、自分のフォロー傾向などにもとづいたおすすめアカウントを確認できます。アカウント名をタップします。

③ アカウントのプロフィールとポストが表示されます。[フォローする]をタップするとフォローできます。

Memo フォロー数が少ない場合

「Who to follow」は、自分のフォロー傾向などにもとづいて表示されます。そのため、フォロー数が少ない場合は、表示されるおすすめアカウントに自分の好みが反映されません。

Section 14 Xでよく使われる言葉を知ろう

Xには、さまざまな独自の用語があります。字面だけで内容を判断するのが難しいものがほとんどなので、よく使われるものをまとめました。一通り確認しておきましょう。

☑ X基本用語集

用語名	意味
アカウント	Xにログインする権利のことです。単にユーザーを指すこともあります。
ポスト	Xに投稿する文章のことです。
いいね	ポストに対する好意的な反応のことです。あとで読み返すための機能としても使えます。
フォロー	仲のよいアカウントや気になるアカウントのポストを常に見られる状態にすることです。
フォロワー	自分のことをフォローしているアカウントのことです。
タイムライン（TL）	ポストが表示されるエリアです。自分のポストとフォローしたアカウントのポストが表示されます。
リポスト（RP）	ほかのアカウントのポストをそのまま引用してポストする機能のことです。引用したポストにコメントを付けて投稿することもできます。
ハッシュタグ	「#」マークを付けたキーワードのことです。流行のトピックに関連するポストにハッシュタグを付けると、多くの人に見てもらえます。
リプライ	ポストへの返信のことです。リプライのポストには「@ユーザー名」が冒頭に表示されます。
ダイレクトメッセージ（DM）	アカウントどうしのみでやりとりできるメッセージです。リプライとは違い、第三者に公開されません。
トレンド	X上で流行している話題のことで、ポストされている回数などを基にランキング形式で公開されています。
インプレッション	ポストがほかのアカウントに表示された回数です。有料プラン（Sec.50参照）を利用している場合、収益化の条件や収益額に大きく関わります。

第 **2** 章

ポストで伝えよう

Section 15　ポストの種類を知ろう
Section 16　ポストしてみよう
Section 17　写真付きでポストしてみよう
Section 18　気になるニュースをポストして広めよう
Section 19　リプライを送って交流しよう
Section 20　面白いポストをリポストしよう
Section 21　ほかのアカウントにダイレクトメッセージを送ろう
Section 22　長い文章はスレッドでポストしよう
Section 23　リプライを非表示にしよう
Section 24　ポストを削除しよう
Section 25　ポストをプロフィールに固定しよう
Section 26　「いいね」や「リプライ」を確認しよう
Section 27　リポストや「いいね」の数を確認しよう
Section 28　リプライできるアカウントを制限しよう

Section

15 ポストの種類を知ろう

Xは、文章だけでなく画像や動画、URLなどを添付してポストすることができます。
そのほかにも、別アカウントへのリプライ（返信）やリポスト（RP）など、ほかの人
のポストに反応する形でポストを行うこともできます。

☑ 基本のポスト

● 文章だけの投稿ポスト

140字以内で文章を投稿します。「い
ま自分が何をしているのか」をポ
ストすることが一般的な使い方で
す（Sec.16参照）。

● 写真や動画、URLを添付したポスト

文章に加えて、写真や動画、Web
ページのURLを添付してポストす
ることもできます（Sec.17 ～ 18
参照）。

Memo ポストを使い分ける

フォロワー全体に向けてポストする場合は基本のポスト、特定の誰かに向けてポ
ストする場合はリプライ、よりプライベートな連絡はダイレクトメッセージ（DM）
というように、用途に応じてこれらのポストを使い分けることがコツです。

☑ さまざまなポストのパターン

●リプライ

リプライとは、ほかの人が投稿したポストに対する返信機能のことです（Sec.19参照）。通常のポストと異なり、文章の先頭に返信先のユーザー名が表示されます。

●リポスト（RP）

リポストとは、ほかのアカウントのポストを自分のタイムラインに転載する機能です。面白かったり、有益だと感じたりしたポストはリポストすることで、自分のフォロワーにポストを共有できます（Sec.20参照）。

●ダイレクトメッセージ（DM）

ほかのアカウントに知られることなく、特定の相手にメッセージを送ることができます（Sec.21参照）。

●スレッド

文字数が足りないときや画像を5枚以上投稿したいときは、複数のポストをスレッドにまとめることができます（Sec.22参照）。

Section

16 ポストしてみよう

さっそくポストを投稿してみましょう。画面右下のアイコンをタップすると、ポストを入力する欄が表示されます。難しいことは考えず、いまの気分や気になるトピックなどについてつぶやいてみましょう。

☑ ポストとは

Xに投稿された文章や画像は「ポスト」と呼ばれています。ポストはホーム画面などで●をタップすることで作成できます。ここでは、ポストの入力画面を紹介します。

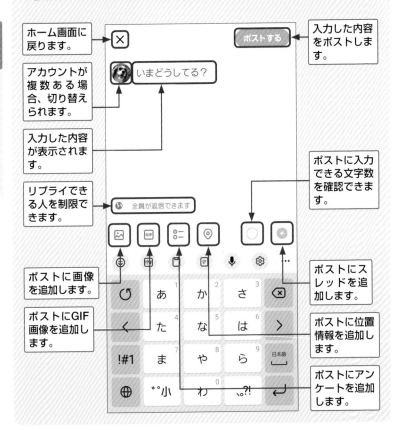

ホーム画面に戻ります。

アカウントが複数ある場合、切り替えられます。

入力した内容が表示されます。

リプライできる人を制限でききます。

ポストに画像を追加します。

ポストにGIF画像を追加します。

入力した内容をポストします。

ポストに入力できる文字数を確認できます。

ポストにスレッドを追加します。

ポストに位置情報を追加します。

ポストにアンケートを追加します。

☑ ポストを投稿する

① 画面右下に表示されている ⊕ を
タップします。

② [ポストする] をタップします。
iPhoneの場合は、この手順は
不要です。

Memo 自分のいる場所を付けてポストする

P.48手順③の画面で ⊙ をタップし、位置情報の
確認画面で [有効にする] → [OK] → [アプリ
の使用中のみ]（iPhoneの場合は [OK] → [App
の使用中は許可]）の順にタップすると、現在地
の地名が一覧で表示されます。任意の地名をタッ
プすると、ポストに位置情報を付けて投稿するこ
とができます。

③ ポストを入力して［ポストする］を
タップします。

④ タイムライン上にポストが投稿され
ます。投稿したポストをタップして
みましょう。

⑤ ポストの詳細が表示されます。←
をタップすると、タイムラインに戻
ります。

Memo 文字数の上限は 140文字

1回の投稿で入力できる文字数
は140文字です。入力可能な文
字数は、入力欄右下にある円グ
ラフの形をしたアイコンで表示さ
れます。写真・動画・引用ポスト
などは文字制限には含まれませ
ん。141字以上のポストを投稿
したいときは、スレッド（Sec.22
参照）を利用しましょう。

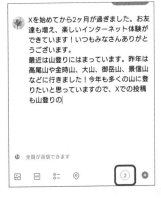

17 写真付きで ポストしてみよう

Xは、スマホで撮影した写真を添付してポストすることができます。1つのポストに添付できる写真は4枚までです。また、ほかの人がポストした写真はタイムラインで見ることができるほか、保存することもできます。

☑ 写真を投稿する

1 画面右下に表示されている ● をタップします。

タップする

🐾 旭川市旭山動物園［公式］@asa... ·22時間
先週のマヌルネコのグルーシャ。

#旭山動物園 #asahiyamazoo
#マヌルネコ #pallascat

2 ［画像］をタップします。iPhoneの場合はポストの入力欄が表示されるので、🖼をタップします。

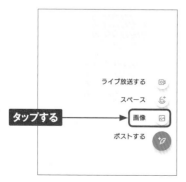

ライブ放送する 📹

スペース 🎙

タップする ➡ 画像 🖼

ポストする ✏️

3 スマホに保存している写真や動画が表示されたら、投稿したい写真をタップします。iPhoneの場合は続けて［追加する］をタップします。

× ギャラリー ▾　　　　　完了

📷

タップする

Memo その場で 撮影する

手順③の画面で📷をタップすると、カメラアプリに切り替わります。写真を撮影すると、入力欄に撮影した写真が添付されます。

第2章 ポストで伝えよう

④ 選択した写真が入力欄に添付されます。

⑤ 必要に応じて入力欄にポストの内容を入力し、[ポストする] をタップすると、タイムラインへの投稿が完了します。

☑ ポストされた写真を保存する

① 写真付きのポストに表示されている写真をタップします。

② 写真が拡大表示されます。保存したい場合は ⋮ → [保存] (iPhoneの場合は ⋯ → [写真を保存]) の順にタップします。

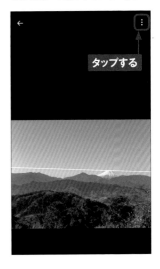

気になるニュースを
ポストして広めよう

Webサイト上の気になるニュースなども、Xで広めることができます。「X」アプリを起動しなくても、Webブラウザの共有機能を使うことでかんたんにポストが可能です。

☑ URLを付けてポストする

1 Webブラウザ（ここでは「Chrome」）で気になるニュースなどを見つけたら、 ⋮ をタップします。

2 ［共有］をタップします。

3 アプリの一覧から、［ポスト］をタップします。

4 Xが起動し、入力欄にURLとWebページのサムネイルが添付されます。

⑤ 必要に応じて入力欄にポストの内容を入力し、[ポストする]をタップします。

② タップする ─→ ポストする

① 入力する

⑥ タイムラインにニュースのリンクが添付されたポストが投稿されます。リンク付きのポストに添付されている、サムネイルをタップします。

タップする

⑦ リンク先のWebページが表示されます。×をタップすると、X画面に戻ります。

タップする

Memo iPhone版の場合

iPhoneの場合は、「Safari」でニュースなどのWebページを表示し、画面下部の⬆️をタップします。左右にスライドして、[X]をタップすると、入力欄にリンクが添付されます。なお、「X」が表示されない場合は、[その他]をタップし、Xのアクティビティを有効にしておきましょう。

① スライドする

② タップする

19 リプライを送って交流しよう

Xには、ほかのアカウントのポストに反応することができる「リプライ」という機能があります。リプライは通常のポストとは異なり、文章の先頭に返信先のユーザー名が表示されます。

☑ リプライとは

ほかのアカウントのポストに意見や質問を送りたいときは、リプライを活用しましょう。ポストにリプライをすると、交流しているアカウントどうしのアイコンがつながった状態になります。

ホーム画面に戻ります。

リプライすると、アイコンがつながります。

リプライの相手を確認できます。

リプライを入力できます。

リプライの元のポストは上に表示されます。

「返信先」とついたポストがリプライです。

リプライの入力画面を表示します。

53

☑ ポストにリプライする

(1) タイムラインを表示して、リプライ
したいポストをタップします。

(2) ポストの詳細が表示されたら、[返信をポスト] をタップします。

(3) リプライの入力画面が表示されます。ポスト欄上部に青文字で「返信先：@（ユーザー名）さん」が表示されていることを確認します。

(4) リプライの文章を入力したら、[返信] をタップします。

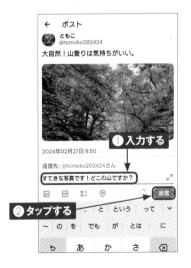

(5) リプライが表示されます。← をタップしてタイムラインに戻りましょう。

(6) タイムラインにもリプライが表示されます。

(7) リプライのやりとりが続くと、連なって表示されます。

Memo リプライが できない場合もある

設定によって、自分のポストにリプライできるアカウントを制限している場合もあります。たとえば「フォローしているアカウント」という設定の場合、そのアカウントからフォローされていないとリプライを送ることができません（Sec.28参照）。

返信できるアカウント

このポストに返信できるユーザーを選択します。@ポストされたユーザーは常に返信できます。

 全員

 認証済みアカウント

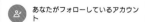 あなたがフォローしているアカウント

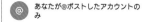 あなたが@ポストしたアカウントのみ

20 面白いポストを リポストしよう

あるポストを自分のタイムラインに転載する機能を、リポスト（RP）といいます。
面白かったり有用だったりと、「自分のフォロワーにも知らせたい」と思うポスト
を目にしたら、積極的にリポストして拡散しましょう。

☑ ほかの人のポストをリポストする

① ホーム画面を表示し、タイムラインでリポストしたいポストの 🔁 をタップします。

② 確認画面が表示されたら、[リポスト]をタップします。

③ リポストが完了すると、フォロワーのタイムラインにリポストが表示され、アイコンが 🔁 から 🔁 に変わります。

Memo リポストを 取り消す

リポストしたポストは、🔁 → [リポストを取り消す] の順にタップすると、取り消すことができます。

☑ コメントを付けてリポストする

① タイムラインでコメントを付けてリポストしたいポストの ↻ をタップします。

② 確認画面が表示されたら、[引用]をタップします。

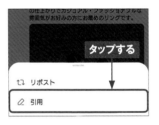

③ 引用したポストが入力欄に添付されたら、コメントを入力し、[リポスト]をタップします。

④ タイムラインに、コメント付きのリポストが表示されます。アイコンは変化しません。

Memo 記事を読んでからリポストする

リポストを多く獲得することを目的とした、煽情的な見出しのWebニュースもたくさんあります。そのため、内容が虚偽であっても、見出しを読んだだけでついリポストしてしまいがちです。そのような事態を避けるために、リポスト前には[まず記事を読んでみませんか?]をタップし、内容を確認するようにしましょう。

Section 21

ほかのアカウントに ダイレクトメッセージを送ろう

ダイレクトメッセージ（DM）は、特定のアカウントにメッセージを送信する機能です。リプライとは異なり、タイムラインには内容が表示されないほか、字数制限もないので、プライベートな話題などに利用するとよいでしょう。

☑ ダイレクトメッセージを送る

① メニューバーの ✉ をタップします。

② ✉ をタップします。

③ 検索欄をタップします。

Memo ダイレクトメッセージの特徴と注意点

ダイレクトメッセージは、送った相手と自分しか見ることができない非公開のメッセージなので、他人に見られたくない場合などに最適です。基本的には相互フォローしているアカウントどうしでのやりとりとなりますが、設定を変更すれば、相互フォローしているアカウント以外からのダイレクトメッセージも受信できます（Sec.67参照）。

第2章 ポストで伝えよう

④ ダイレクトメッセージを送りたい名前またはユーザー名を入力し、検索結果が表示されたら、ユーザー名をタップします。

⑤ 入力欄をタップします。

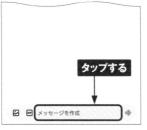

⑥ メッセージを入力し、▶をタップします。

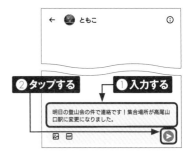

⑦ メッセージが送信され、送信したダイレクトメッセージが表示されます。←をタップすると、「メッセージ」画面に戻ります。

Memo グループダイレクトメッセージ

1対1のやりとりだけではなく、グループで会話を楽しむ「グループダイレクトメッセージ」も利用できます。手順③の画面で［グループを作成］をタップし、複数人のアカウントを選択すると、複数のアカウントとメッセージをやりとりできます。

Section

22

長い文章はスレッドで ポストしよう

140字を超える文字数のポストを投稿したいときは、スレッド形式で連続ポストすると、上限を気にせず長文をポストできます。スレッド形式のポストは、線で結ばれて表示されます。

☑ スレッドを作成する

① P.47手順①〜②を参考にポスト入力欄にポストの内容を入力し、画面右下の ⊕ をタップします。

② 最初のポストの下部に、新しいポスト入力欄が表示されます。

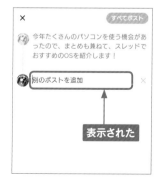

③ 手順①で入力したポストの続きとなる内容を入力し、[すべてポスト]をタップします。

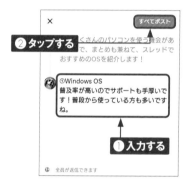

④ タイムラインに、複数のポストがスレッドとして投稿されます。ポストをタップします。

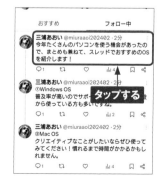

第2章 ポストで伝えよう

⑤ スレッドが表示されます。上方向にドラッグすると、まとめられたポストを順番に読むことができます。

⑦ 最後のスレッドのポストの下部に入力欄が表示されるので、追加したいポストの内容を入力し、[返信]をタップします。

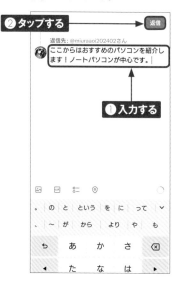

⑥ スレッドに新しいポストを追加したい場合は、[別のポストを追加]をタップします。

⑧ スレッドに新しいポストが追加されます。

23 リプライを非表示にしよう

自分のポストに対して、不快だと感じたり個人情報が含まれていたりするリプライが送られたときは、そのリプライを非表示にしましょう。非表示にしたリプライは、ほかのアカウントからも見られないようになります。

☑ リプライを非表示にする

1 タイムラインなどから非表示にしたいポストを表示し、：をタップします。

2 ［返信を非表示にする］をタップします。

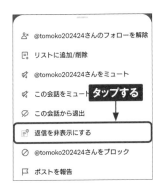

3 ［返信を非表示にする］をタップすると、リプライが非表示になります。

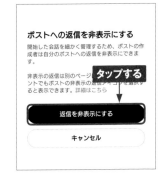

4 「＠（ユーザー名）さんをブロックしますか」が表示されます。ブロック（Sec.62参照）したい場合は、［ブロック］をタップします。

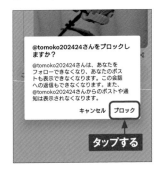

今が旬の書籍情報を満載してお送りします！

『電脳会議』は、年6回刊行の無料情報誌です。2023年10月発行のVol.221よりリニューアルし、A4判・32頁カラーとボリュームアップ。弊社発行の新刊・近刊書籍や、注目の書籍を担当編集者自らが紹介しています。今後は図書目録はなくなり、『電脳会議』上で弊社書籍ラインナップや最新情報などをご紹介していきます。新しくなった『電脳会議』にご期待下さい。

大幅
増ページで
**ボリューム
アップ！**

◆ 電子書籍・雑誌を読んでみよう!

技術評論社　GDP	検索

で検索、もしくは左のQRコード・下の
URLからアクセスできます。

https://gihyo.jp/dp

1 アカウントを登録後、ログインします。
【外部サービス(Google、Facebook、Yahoo!JAPAN)
でもログイン可能】

2 ラインナップは入門書から専門書、
趣味書まで3,500点以上!

3 購入したい書籍を 🛒 カート に入れます。

4 お支払いは「**PayPal**」にて決済します。

5 さあ、電子書籍の
読書スタートです!

●**ご利用上のご注意** 当サイトで販売されている電子書籍のご利用にあたっては、以下の点にご留意
■**インターネット接続環境** 電子書籍のダウンロードについては、ブロードバンド環境を推奨いたします。
■**閲覧環境** PDF版については、Adobe ReaderなどのPDFリーダーソフト、EPUB版については、EPUB
■**電子書籍の複製** 当サイトで販売されている電子書籍は、購入した個人のご利用を目的としてのみ、閲覧、
ご覧いただく人数分をご購入いただきます。
■**改ざん・複製・共有の禁止** 電子書籍の著作権はコンテンツの著作権者にありますので、許可を得ないで

も電子版で読める!

電子版定期購読が
お得に楽しめる!

くわしくは、
「**Gihyo Digital Publishing**」
のトップページをご覧ください。

🎁 電子書籍をプレゼントしよう!

Gihyo Digital Publishing でお買い求めいただける特定の商品と引き替えが可能な、ギフトコードをご購入いただけるようになりました。おすすめの電子書籍や電子雑誌を贈ってみませんか?

こんなシーンで…

● ご入学のお祝いに　● 新社会人への贈り物に
● イベントやコンテストのプレゼントに　………

◉ ギフトコードとは?　Gihyo Digital Publishing で販売している商品と引き替えできるクーポンコードです。コードと商品は一対一で結びつけられています。

くわしいご利用方法は、「Gihyo Digital Publishing」をご覧ください。

電脳会議

紙面版

新規送付の
お申し込みは…

電脳会議事務局　　　　検 索

で検索、もしくは以下の QR コード・URL から
登録をお願いします。

https://gihyo.jp/site/inquiry/dennou

一切
無料!

「電脳会議」紙面版の送付は送料含め費用は
一切無料です。
登録時の個人情報の取扱については、株式
会社技術評論社のプライバシーポリシーに準
じます。

技術評論社のプライバシーポリシー
はこちらを検索。

https://gihyo.jp/site/policy/

技術評論社　　電脳会議事務局
〒162-0846　東京都新宿区市谷左内町21-13

Section 24 ポストを削除しよう

自分のポストは削除することができます。ポストを削除すると、それまで付いていた「いいね」やリポストもリセットされ、元には戻せません。フォロワーのタイムラインから削除されるのは、フォロワーがタイムラインを更新したタイミングです。

☑ ポストを削除する

1 タイムラインやプロフィール画面から削除したいポストを表示し、右側に表示されている ⋮ をタップします。

2 [ポストを削除] をタップします。

3 [削除] をタップすると、ポストが削除されます。

63

25 ポストをプロフィールに 固定しよう

プロフィールを補足する内容のポストを、プロフィール画面（Sec.12参照）に固定しておくと、自分がどのようなアカウントなのか、より深く知ってもらえるようになります。

☑ ポストを固定する

(1) タイムラインを表示して、プロフィールに固定したい自分のポストの : をタップします。

(2) ［プロフィールに固定表示する］をタップします。

(3) 確認画面が表示されたら［固定する］をタップします。

(4) プロフィール画面を表示すると、ポストが固定されていることを確認できます。

Section 26 「いいね」や「リプライ」を確認しよう

自分宛てに「いいね」やリプライなどが届くと、メニューバーの通知アイコンに新着の件数が表示されます。ほかにもフォロー増加やお気に入りなどの通知も確認できます。ここでは、自分宛てのポストを確認する方法を解説します。

☑ 通知の内容を表示する

(1) 通知が届いたら、🔔をタップします。

(2) 通知の一覧が表示されます。未読の通知は青色で表示されます。確認したい通知をタップします。

(3) 相手がリプライをした時刻を確認することができます。

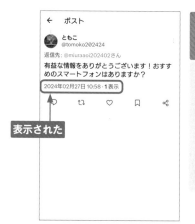

Memo リプライだけを表示する

通知の一覧には、リプライ以外にもさまざまな内容の通知が表示されます。そのうち、手順②の画面で［@ツイート］をタップすると、リプライの通知だけを絞り込むので、返信したい際などにすばやく対応できます。

Section 27 リポストや「いいね」の数を確認しよう

ポストがどれくらいのアカウントにリポストや「いいね」をされたのかは、ポストを表示することでその数を確認できます。どのアカウントがリポストや「いいね」をしたのかも、ポストから確認可能です。

☑ リポストや「いいね」の数を確認する

① タイムラインに表示されている自分のポストをタップします。

② ポストの下部に、リポストされた数と「いいね」数が表示されます。[リポスト]をタップします。

③ リポストしたアカウントが一覧表示されます。

④ 手順②の画面で、[いいね]をタップすると、「いいね」したアカウントが一覧表示されます。

Section

28 リプライできるアカウントを制限しよう

ポストに返信できるアカウントをあらかじめ制限することで、見知らぬ人からの望まないリプライを防止することができます。最初から知り合いとの交流のみを目的としている場合は、この機能を利用してみるとよいでしょう。

☑ フォローしているアカウントのみ許可する

① 画面右下に表示されている●→[ポストする]の順にタップします。

② ポストの内容を入力し、[全員が返信できます]をタップします。

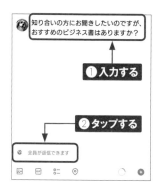

③ [あなたがフォローしているアカウント]をタップします。

④ [ポストする]をタップすると、フォローしているアカウントのみが返信できるポストが投稿されます。

☑ 自分がリプライしたアカウントのみ許可する

① P.67手順③の画面で、[あなたが@ポストしたアカウントのみ]をタップします。

返信できるアカウント

このポストに返信できるユーザーを選択します。@ポストされたユーザーは常に返信できます。

🌐 全員

⊘ 認証済みアカウント

👤 あなたがフォローしているアカウント

@ あなたが@ポストしたアカウントのみ

タップする

② 入力欄で「@」と入力し、リプライしたい相手を選んでタップします。

× ポストする

知り合いの方にお聞きしたいのですが、おすすめのビジネス書はありますか？
@

①入力する

相互フォロー

ともこ
@tomoko202424

🔍 目的のアカウントを検索
@ツイートするアカウントを検索

②タップする

@ アットマーク | @ 全角アットマーク | @gmail.com ∨
@au.com | @ezweb.ne.jp | 1 | 1 全角
@-/ | ABC | DEF ⌫

③ [ポストする]をタップすると、手順②で選択した相手だけが返信できるポストが投稿されます。

× ポストする

知り合いの方にお聞きしたいのですが、おすすめのビジネス書はありますか？
@tomoko202424

タップする

Memo すべての返信を制限する

誰からの返信も受け取りたくないときは、手順②の画面で「@」と入力せず、そのままポスト内容を入力して[ポストする]をタップします。リプライしたい相手が1人もいないとみなされ、自分以外は返信できないようになります。

× ポストする

知り合いの方にお聞きしたいのですが、おすすめのビジネス書はありますか？|

@ あなたが@ポストしたアカウントのみが返信できます

🖼 😊 ☰ 📍 ○ ➕

第 **3** 章

気になる人をフォローして
情報を集めよう

Section 29　Xはフォローすることで楽しくなる
Section 30　企業や有名人はXをこんなふうに利用している
Section 31　検索でフォローする人を探そう
Section 32　企業の公式アカウントをフォローしよう
Section 33　災害時に役立つアカウントをフォローしよう
Section 34　なりすましなど危険なアカウントに気を付けよう
Section 35　フォロー状況を確認してみよう
Section 36　フォローを解除しよう

29 Xはフォローすることで 楽しくなる

Xは、著名人が一般人と同じように日常の出来事をポストしていたり、企業アカウントが自社製品に関するお得な情報をポストしていたりします。ここでは、フォローすることでXがより楽しくなるようなアカウントを紹介します。

☑ さまざまなアカウントをフォローしよう

誰をフォローするか迷ったら、まずは著名なアカウントをフォローしてみましょう。多くの人がフォローしている著名なアカウントの一例です。好きな芸能人や店舗、自分が居住している地域の自治体などをフォローすることで、楽しく有用にXを利用することができます。

●著名人

さまざまな著名人が、活動の情報やプライベート情報などを投稿しています。

●政府・自治体

政府や自治体のアカウントは、広報だけでなく、災害時の重要情報などの投稿も行います（Sec.33参照）。

●企業・店舗

企業や店舗などのアカウントは、キャンペーンや新商品などの情報を発信しています（Sec.32参照）。

●メディア

新聞やテレビなどのアカウントは、災害を含む最新ニュースを毎日発信しています（Sec.33参照）。

☑ 認証済みアカウントとbot

著名人や企業のアカウントには、別人が勝手に名乗っている「なりすまし（偽物）」も多く
見られます。著名人や企業をフォローする際には、「認証済みバッジ」が付いているかどうか、またそのバッジが何色かを確認しましょう。また、自動的にポストを行う「bot」というプログラムの中には著名人のポストを行うものもありますが、こちらも本人のアカウントとは無関係です。

●認証済みアカウント

名前の右側に表示されている🔵、⚪、🟢のことを「認証済みバッジ」といいます。🔵はXプレミアム（Sec.50参照）に加入すると表示されるバッジで、Xによる審査の上で認められた企業や行政機関には🟢や⚪が表示されます。

●bot

自動的にポストするようプログラムされたアカウントを、botと呼びます。歴史上の偉人の名言やニュース、天気、雑学の情報を発信するbotなど、Xにはたくさんのbotアカウントが存在します。中には有名人やキャラクターに扮した「なりすまし」のbotが存在しますが、本人のアカウントではないので注意が必要です。

Section 30 企業や有名人はXを こんなふうに利用している

企業や有名人は、1人でも多くの人に認知される必要があるため、フォロワーを楽しませるためにさまざまな工夫をしています。ここでは、実際に企業や有名人がどのようにXを運用しているかを見てみましょう。

☑ 有名企業や有名人のX

Xは、自分のことを不特定多数の人にアピールできるアプリです。ポストを多くのアカウントにリポストしてもらえば、認知度をさらに高めることもできます。ここでは、企業や有名人がXをどのように活用しているのかを紹介します。

● 「企業らしくない」ポストで注目を集める

企業のアカウントといえば、人間味のあまり感じられない製品紹介や、関連イベントの告知ばかりをポストする、という印象があるかもしれません。しかし、シャープ株式会社の公式アカウントは、そんな先入観をくつがえす、「企業らしくない」ポストの数々が注目を集め、多くのフォロワーを獲得しています。そのポストは思わず笑ってしまうようなユーモラスなものから、流行の時事ネタを取り入れたものまでさまざまで、楽しんでいるうちに企業への好感度も高まっていくしくみになっています。

● かわいいマスコットキャラクターがポストする

キャラクターをマーケティングに取り入れている企業は数多くあります。日清食品グループのチキンラーメンの公式アカウントでは、同社のマスコットキャラクター「ひよこちゃん」がキャンペーンの告知のほか、ひよこちゃんの日常生活をポストしています。

● 独自性の高い情報をポストする

有名人・著名人ならではの独自性の高い情報を発信してフォロワーを引き付けるケースもあります。ゲームデザイナー、ゲームディレクターの桜井政博さんはゲームの開発秘話やゲーム開発のためのアドバイスや役立つテクニックなどをポストしています。

● リポストしたくなる情報をポストする

思わずリポストしたくなる情報を毎日ポストして、多くのフォロワーを獲得しているアカウントもあります。料理研究家のリュウジさんは、誰でもかんたんに作ることができるおいしい料理のレシピを数多くポストすることで、多くのアカウントから支持を集めています。

Section 31 検索でフォローする人を探そう

Xは、興味のあるトピックや趣味に関するキーワードで検索することができます。検索結果には、入力したキーワードを含むポストのほか、アカウントも表示されるため、気の合いそうなアカウントをかんたんに探すことができます。

☑ 検索とは

検索画面（Sec.08参照）で検索欄にキーワードを入力すると、Xのポストやアカウントを検索することができます。特定のアカウントを検索したいときは、ユーザー名（Sec.11参照）を入力します。

検索したキーワードが表示されます。　　検索フィルターを適用できます。

ホーム画面に戻ります。

検索の種類を変更できます。

検索設定の変更、検索の保存、共有ができます。

キーワードに関連するアカウントが表示されます。

キーワードに関連するポストが表示されます。

☑ トピックを検索してアカウントを探す

① メニューバーの**Q**をタップします。

② 検索欄をタップします。

③ 興味のあるトピックをキーワードとして入力し、キーボードの**Q**（iPhoneの場合は［検索］）をタップします。

Memo 候補を活用する

手順③の画面でキーワードを入力すると、検索欄の下部にキーワードの候補が表示されます。入力途中でも、任意の候補をタップすると、検索キーワードとして使用することができます。

④ キーワードの検索結果が表示されます。ここでは、[ユーザー]をタップします。

⑤ キーワードに関連したアカウントが一覧表示されます。プロフィールを確認してからフォローしたい場合は、気になるアカウントの名前をタップします。

⑥ アカウントのプロフィールとポストが表示されます。[フォローする]をタップすると、アカウントをフォローできます。

Memo **ポストを対象に検索する**

検索結果は、「ユーザー」以外にも「話題のツイート」「最新」「メディア」「リスト」などを表示することができます。「話題のツイート」の場合はキーワードを含んだポストが表示されるので、ポスト内容から気になる人を探せます。

32 企業の公式アカウントを フォローしよう

Sec.30で紹介したもの以外にも、多くの企業が公式アカウントを持っています。工夫をこらしたポストを投稿したり、お得なキャンペーンをお知らせしたりと、ポストの内容もさまざまです。ここではジャンル別におすすめのアカウントを紹介します。

☑ 飲食・外食

●ローソン

コンビニエンスストア「ローソン」の公式アカウントです。2024年2月現在、フォロワー数は820万人を超え、日本の企業アカウントではトップのフォロワー数です。新商品や割引の情報、無料券が当たるキャンペーンなどを発信しています。

●味の素パーク

レシピや献立の紹介サイト「AJINOMOTO PARK」の公式アカウントです。旬の野菜を使ったレシピや食材の保存方法、フォローとリポストしたアカウントの中から抽選で食材などが当たるキャンペーンなどを発信しています。アカウントとの交流も積極的に行われており、料理のテクニックを教えてもらえることもあります。

家電・デジタル

●価格.com公式

家電やデジタルの企業アカウントは数多くありますが、その中からお得な情報をまとめてポストしてくれるのが、価格.comの公式アカウントです。新製品や話題製品のニュースやレビュー、製品選びの知識など、役立つ情報を発信しています。

 # エンタメ

●ディズニー公式

ディズニー・ジャパンの公式アカウントです。ディズニー映画や商品の最新情報、キャンペーン情報のほか、ディズニーランドやディズニーシーといったアトラクション施設の情報もリポストするため、ディズニーの情報をまとめて手に入れることができます。

●すみだ水族館【公式】

すみだ水族館の公式アカウントです。水族館の動物の画像や動画、グッズの情報などを発信しています。飼育スタッフ目線の日常をつづったポスト「#すみペン飼育スタッフ日誌」は人気コンテンツとなっています。

災害時に役立つアカウントをフォローしよう

災害時に迅速で正確な情報を手に入れる際にも、Xが役に立ちます。総務省消防庁をはじめ、政府の運用している公式アカウントなどもあるため、万が一の場合に備えてフォローしておくとよいでしょう。

☑ 政府系アカウントをフォローして災害時に備える

災害に備えて日頃から準備や対策をしておくことはとても大切です。近年、緊急時の避難情報など災害情報に対する人々の関心が高まっており、リアルタイムで情報を収集できるXにも、こうした緊急時の情報入手元としての役割が期待されています。政府をはじめとした公共機関は、人々に本当に必要な情報を届けるべくXを活用しており、今やインフラの1つとして重要視しています。

災害時の情報を提供するアカウントは数多くありますが、政府が運営するアカウントのように、信頼できる情報元をフォローしておきましょう。

Memo 災害時におけるXの使い方

災害時には、パニックに乗じた悪質なデマが多く流れる傾向にあります。特に、いわゆる「まとめサイト」と呼ばれるWeb上の話題をまとめたアカウントなどは、情報の真偽に関わらず、話題性を優先してポストを拡散することもあるので、惑わされてしまいがちです。災害時には必ず、信頼のおける情報源として、認証マーク付きの情報系アカウントを参照するようにしましょう。次ページに災害時に信頼できるアカウントをまとめているので、必要に応じてフォローしてもよいでしょう。

☑ 災害時に役立つおすすめアカウント

●政府系

アイコン	アカウント名	ユーザー名	説明
FDMA	総務省消防庁	@FDMA_JAPAN	大規模災害に関する情報や、総務省消防庁からの報道資料などをポストしています。
	国土交通省	@MLIT_JAPAN	国土交通省の公式アカウントです。国土交通省ホームページの新着情報を中心に、情報をポストしています。
内閣府防災	内閣府防災	@CAO_BOUSAI	内閣府（防災担当）の公式アカウントです。災害関連情報や内閣府（防災担当）が取り組む施策などの情報を中心にポストしています。

●防災・災害情報

アイコン	アカウント名	ユーザー名	説明
tenki.jp	tenki.jp 地震情報	@tenkijp_jishin	日本気象協会「tenki.jp」の公式アカウントです。地震情報を速報でポストしています。
警視庁警備	警視庁警備部災害対策課	@MPD_bousai	非常時の対応についてのアドバイスなどをポストする、警視庁警備部災害対策課の公式アカウントです。
東京都防災	東京都防災	@tokyo_bousai	自治体の公式アカウントがある場合、住んでいる地域の防災情報を収集できます（MEMO参照）。

Memo よりローカルな情報を手に入れる

よりローカルな情報を手に入れる方法として、自分の住んでいる市町村名をフォローする方法があります。市町村によっては、河川の氾濫など、その地域に限定した災害情報をポストするため、上記のアカウント以上に役立つことがあります。

フォローする

杉並区（地震・水防情報等）
@suginami_tokyo

杉並区公式アカウントです。災害時における被災者への支援情報や、その他災害に関連した区の取組などの情報を投稿します。主な発信内容は区民の生命・財産を守る情報です。原則として返信は行いません。イベント情報などに関するアカウントはこちら
twitter.com/suginami_koho

◎ 東京都杉並区　⌖ city.suginami.tokyo.jp
🗓 2011年3月からTwitterを利用しています

Section 34

なりすましなど
危険なアカウントに気を付けよう

Xでは、芸能人や他人になりすましたり、嘘のキャンペーンでフォロワーや個人情
報を集めたりする行為が見られます。迷惑行為や犯罪に巻き込まれないためにも、
危険なアカウントには関わらないよう注意が必要です。

☑ 注意が必要なアカウント

Xには、芸能人や有名人になりすましてポストするなりすまし行為や、現金を配布するなど
の嘘のキャンペーンでフォローを促して個人情報をだまし取る行為をするアカウントがあり
ます。これらは迷惑行為や犯罪に巻き込まれる可能性が高く、注意が必要なアカウントで
す。見つけたらブロック（Sec.62参照）や報告（MEMO参照）をして身を守りましょう。

なお、こうした悪質なアカウントでも青色の認証済みバッジ
（Sec.29参照）を付けている場合があります。認証済みバッ
ジだけで判断せず、ユーザー名が正しいかどうか、フォロー
やフォロワーの数、過去に投稿されたポストなども見てアカウ
ントが危険なものでないか確認しましょう。

> このポストをリポスト
> した人の中から抽選で
> 100万円プレゼント！

Memo なりすましを見つけたら

なりすましの被害にあったり、なりすましをしている悪質なアカウントを見つけた
りしたらXに報告しましょう。アカウントの凍結などの対応がされることがありま
す。報告したいアカウントのプロフィールを表示し、右上の⋯→［報告］の順に
タップします。「問題を報告する」画面が表示されるので、［虚偽のアイデンティ
ティ］→［次へ］の順にタップし、画面の指示に従って誰のなりすましをしてい
るのかを入力します。

Section

35 フォロー状況を確認してみよう

自分が誰をフォローしているのか、あるいは誰からフォローされているのか、といった情報は、メニューなどから確認できます。フォローとフォロワーの数がわかるだけでなく、フォロー解除を行うこともできます。

☑ フォローしたアカウントを確認する

(1) 画面左上のアカウントアイコンをタップします。

(3) 自分がフォローしたアカウントが一覧で表示されます。アカウントの名前をタップすると、プロフィール画面が表示されます。

(2) [フォロー] をタップします。

Memo 自分のプロフィール画面から確認する

フォローしたアカウントおよびフォロワーの一覧は、手順②の画面で [プロフィール] をタップすると表示される自分のプロフィール画面から確認することもできます。

☑ フォロワーを確認する

(1) P.82手順①を参考に、画面左上のアイコンをタップし、[フォロワー] をタップします。

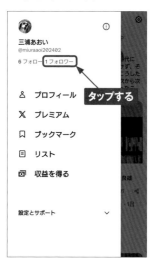

(2) 画面上部の [すべて] をタップすると、自分のフォロワーが一覧で表示されます。気になるフォロワーがいたら、名前をタップします。

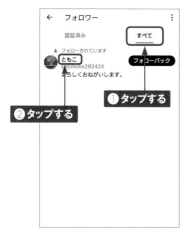

(3) プロフィール画面が表示されます。興味を持ったら[フォローバック]をタップして、フォローを返しましょう。

Memo 通知からフォロワーを確認する

ほかのアカウントが自分をフォローすると、Xから通知が届きます。🔔をタップして通知画面を表示し、[○○さんにフォローされました]という通知をタップすると、相手のプロフィール画面が表示されます。プロフィールを確認して、興味を持ったら[フォローバック]をタップし、フォローを返しましょう。

フォローを解除しよう

「フォローしたけど、このアカウントとは相性が合わない」と感じたら、思い切ってフォローを解除しましょう。フォローと同様に、アイコンをタップするだけでかんたんにフォロー解除を行うことができます。

☑ フォローを解除する

① P.82手順①～②を参考に、フォローしたアカウントの一覧を表示します。フォローを解除したいアカウントの右側にある［フォロー中］（iPhoneの場合は［フォロー中］→［フォロー解除］）をタップします。

② フォローが解除され、表示が［フォローする］に変わります。

第3章 気になる人をフォローして情報を集めよう

Memo **フォローしているアカウントが増えすぎたら?**

フォローしているアカウントが増えてくると、タイムラインが混雑し、必要な情報を見逃してしまう怖れがあります。フォローの解除でフォロー数を減らしたり、Sec.46を参考にリストを作成したりなどして整理しましょう。

第 **4** 章

Xをもっと楽しもう

Section 37　Xをとことん楽しもう

Section 38　面白かったポストに「いいね」しよう

Section 39　また見たいポストを「ブックマーク」しよう

Section 40　ポストにどれくらいの反応があったか確かめよう

Section 41　気になるアカウントのポストが「通知」されるようにしよう

Section 42　興味があることがポストされているか検索してみよう

Section 43　検索したポストを絞り込もう

Section 44　ハッシュタグでみんなと同じ話題をポストしよう

Section 45　いま話題になっていることを見つけよう

Section 46　気になるアカウントをリストで整理しよう

Section 47　作ったリストを編集しよう

Section 48　ほかの人が作ったリストをフォローしよう

Section 49　スペースで聞こう／会話しよう

Section 50　有料プランの機能を知ろう

Xをとことん楽しもう

Xはさまざまなジャンルの情報を集めるのに便利なSNSです。ここでは、Xにどのような機能があるのかを紹介します。ブックマークやハッシュタグなどを上手に利用して、便利にXを楽しみましょう。

☑ 便利な機能を活用する

●いいね

面白い、参考になったなど、好意が持てるポストがあったら、♡を押して、「いいね」しましょう。「いいね」したポストは、プロフィール画面から一覧表示させることができます（Sec.38参照）。

●ブックマーク

「いいね」は気軽にできる分、「いいね」したポストが多いために、お気に入りのポストを見失ってしまうことがあります。そういったときは、ポストを「ブックマーク」に登録しましょう。ブックマークも一覧表示させることが可能です（Sec.39参照）。

●アカウント通知

上野動物園は1882年に開園した日本で最初の動物園です。当園の多様な魅力と最新情報をお伝えします！
（※個別のご質問等には対応しておりませんのでご了承下さい）公式インスタグラムアカウントはこちら→
instagram.com/ueno_zoo_offic...

📍 Tokyo, Japan 🔗 tokyo-zoo.net/zoo/ueno/
📅 2013年2月からTwitterを利用しています

お見逃しなく

@UenoZooGardens

すべてのポスト
このアカウントによるすべてのポストの通知
を受け取ります。 ○

すべてのポストと返信
このアカウントによるポストと返信の通知を
受け取ります。 ○

ライブ動画のみ
放送中のライブ放送についての通知のみ受け
取ります。 ○

オフ
このアカウントのポストについての通知をオ
フにします。 ✓

「アカウント通知」を設定しておくと、お気に入りのアカウントがポストを投稿した際に通知が届くようになります。最新情報を見逃したくない、好きな芸能人のお知らせをいち早く確認したいといったときに、見落とす心配がなくなります（Sec.41参照）。

●検索

← 台湾スイーツ ⇄ ⋮

話題のツイート 最新 ユーザー メディア

china cafe （公式）チャイナカフェ(... ·2日
＼苺フェア開催中🍓／

明日、2/25(日)より苺アフタヌーンティー販売
スタートします！

苺アフタヌーンティーは人気の豆花や愛玉子な
どの**台湾スイーツ**が苺フレーバーに ✨

苺アフタヌーンティー2,000円(苺紅茶付き)

↓詳細↓

💬1 🔁22 ♡61 ᴵᴵ3,100 🔖 ⌘

検索欄にキーワードを入力すると、関連するポストやアカウントを検索できます。「検索フィルター」を使うと、検索の条件を指定でき、より詳細な絞り込みが可能になります（Sec.42、43参照）。

● ハッシュタグ

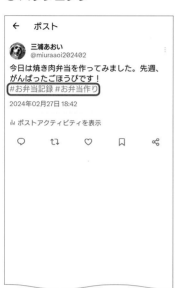

キーワードの頭に「#」を付けたものをハッシュタグといいます。ハッシュタグをポストに追加することで、ポストが検索されやすくなります（Sec.44参照）。

● トレンド

Xで話題になっている言葉やポストは「検索」画面からチェックできます。また、「日本のトレンド」では、日本で現在話題となっているキーワードが一覧表示されます。各トレンドの下にそのキーワードが含まれたポストの数も確認でき、影響力の大きさを表す指標の1つになっています（Sec.45参照）。

●リスト

「リスト」機能を利用すると、自分の選んだアカウントのみのタイムラインを作成できます。目的別にアカウントを登録しておくことで、ポストの見逃しを減らすことができます。また、ほかのアカウントが作成し、公開しているリストを登録することも可能です（Sec.46 〜 48参照）。

●有料プラン（Xプレミアム）

← サブスクライブする

プレミアム

高度な機能

Grokをいち早く利用する	🔒
ポストを編集	✓
長いポスト	✓
投稿を取り消す	✓
長い動画が投稿できます	✓
話題の記事	✓
リーダー ⓘ	✓
バックグラウンド動画再生	✓
動画をダウンロード	✓
[おすすめ]と[フォロー中]に表示される広告数: 半分 ⓘ	✓
返信のブースト（大）	✓
[おすすめ]と[フォロー中]に表示される広告数: なし ⓘ	🔒
返信のブースト（最大）	🔒

有料プランの「Xプレミアム」に加入すると、投稿したポストの編集、2要素認証の利用、Xに表示される広告数の半減など、さまざまな拡張機能が使えるようになります。Xをより便利にしたい、会社の広報のためにXを運用したいといった際に加入を検討するとよいでしょう（Sec.50参照）。

面白かったポストに 「いいね」しよう

面白かったり参考になったりしたポストは、「いいね」をして好意を伝えましょう。「いいね」したポストは保存され、読み返すことができます。「いいね」すると、そのポストを投稿したアカウントに、「いいね」されたことが通知されます。

☑ ポストに 「いいね」 する

第4章 Xをもっと楽しもう

① タイムラインの、「いいね」したいポストをタップします。

② ♡をタップします。

③ ポストが「いいね」されて、♡が♥に変わります。

Memo タイムライン上で「いいね」する

「いいね」はタイムライン上で行うこともできます。ポスト下部の♡をタップすると、「いいね」されます。

90

☑ 「いいね」したポストを確認する

① 画面左上のアカウントアイコンを
タップします。

② [プロフィール] をタップします。

③ プロフィール画面が表示されたら、
[いいね] をタップします。

④ 「いいね」したポストが一覧表示
されます。

⑤ 画面を上方向にスライドすると、
過去に「いいね」したポストを確
認することができます。

Memo 「いいね」を取り消す

手順⑤の画面で♥をタップする
と、「いいね」を取り消すことが
できます。なお、一度「いいね」
を取り消すと「いいね」の画面
からは完全に消えてしまうので、
間違えて取り消さないように注意
しましょう。

また見たいポストを「ブックマーク」しよう

ポストを「いいね」で保存すると、相手に「いいね」したことが通知されます。ブックマーク機能を利用すると、相手に知られないでポストをブックマークに登録し、あとから見返すことができます。

☑ ポストをブックマークする

① タイムラインのブックマークに登録したいポストをタップします。

② 🔖をタップします。

③ ポストがブックマークに登録されて、🔖が🔖に変わります。

Memo タイムライン上からブックマークする

ブックマークはタイムライン上で行うこともできます。ポスト下部の🔖をタップすると、「ブックマーク」に登録されます。

☑ ブックマークしたポストを確認する

① 画面左上のアカウントアイコンを
タップします。

② [ブックマーク] をタップします。

③ ブックマークが一覧表示されます。

④ 画面を上方向にスライドすると、
ブックマークに登録したポストを
新しい順に確認することができま
す。

Memo ブックマークを解除する

ブックマークに登録したポストは、
手順④の画面で🔖をタップするこ
とで解除できます。なお、「いい
ね」と同様に、一度解除すると
「ブックマーク」の画面から完全
に消えてしまうので注意しましょ
う。

Section 40

ポストにどれくらいの反応があったか確かめよう

自分が投稿したポストであれば、「ポストアクティビティ」からポストが何人のアカウントに見られたのか、何人のフォロワーが増えたのか、何回クリックされたのかなどの情報を得ることができます。

☑ ポストアクティビティとは

自分のポストを表示し、[ポストアクティビティ]をタップすると、そのポストがほかのアカウントに反応された数を確認できます。ポストアクティビティには、5つの項目があり、ポストを見たアカウントの数、そのポストをきっかけに増えたフォロワーの数など、詳細なデータが表示されます（MEMO参照）。アカウントのフォロワーを増やしたいときは、自分が投稿したポストのポストアクティビティを見返し、どのポストがより反応がよかったかなどを分析するとよいでしょう。

インプレッション数 ⓘ	
14	
エンゲージメント ⓘ	詳細のクリック数 ⓘ
3	**0**
新しいフォロワー数 ⓘ	プロフィールへのアクセス数 ⓘ
0	**0**

> 自分のポストであれば、ポストアクティビティを確認できます。ほかのアカウントのポストアクティビティは見ることができません。

Memo ポストアクティビティで確認できる項目

「ポストアクティビティ」画面で確認できる項目は5つです。

インプレッション数	ポストが、ほかのアカウントで表示された回数です。
エンゲージメント	リポスト、「いいね」、リプライ、クリックなど、ほかのアカウントがポストに反応した回数の合計です。
詳細のクリック数	ポストがクリックされた回数です。
新しいフォロワー数	ポストをきっかけに獲得したフォロワー数です。
プロフィールへのアクセス数	ポストをきっかけにプロフィールが表示された回数です。

☑ ポストアクティビティを確認する

① ポストアクティビティを表示したい
ポストをタップします。

② [ポストアクティビティを表示] を
タップします。

③ ポストアクティビティが表示されま
す。ⓘをタップします。

④ 各項目の説明が表示されます。

Section

41

気になるアカウントのポストが「通知」されるようにしよう

フォローするアカウントが増えてくると、タイムラインにたくさんのポストが表示され、興味のあるポストを見逃すことがあります。「アカウント通知」機能を有効にして、特定のアカウントのポストが通知されるようにしましょう。

☑ アカウント通知を有効にする

① タイムラインでアカウント通知を設定したいアカウントのポストをタップします。

② アカウントのプロフィールアイコンをタップします。

③ プロフィール画面が表示されたら、(iPhoneの場合は)をタップします。

Memo フォローしている人が対象

「アカウント通知」機能は、自分がフォローしているすべてのアカウントに対して設定できます。

④ アカウント通知される種類の選択画面が表示されます。[すべてのポスト]をタップします。

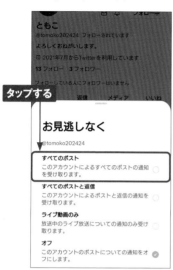

⑤ アカウント通知の設定が完了します。画面下部に「新しいポストの通知を受け取ります。」と表示されます（iPhoneの場合は表示されません）。

⑥ アカウント通知を設定したアカウントがポストの投稿やリポストすると、スマートフォンに通知が届きます。

Memo アカウント通知を解除する

アカウント通知を解除したい場合は、画面左上のアカウントアイコンをタップして、[設定とサポート] → [設定とプライバシー] → [通知] → [設定] → [プッシュ通知] → [ポスト]の順にタップします。アカウント通知を有効にしているアカウントが一覧表示されるので、通知を解除したいアカウントをタップし、[オフ]をタップします。

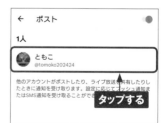

興味があることがポスト されているか検索してみよう

ポストは、検索することができます。検索は、公開されているすべてのポストが対象となり、フォローしていないアカウントのポストも対象になります。ただし、ブロックしているアカウントのポストは検索されません。

☑ ポストを検索する

① メニューバーの○をタップします。

タップする

② 「検索」画面が表示されます。検索欄をタップします。

タップする

③ キーワードを入力して、キーボードの🔍 (iPhoneの場合は [検索] または [search])をタップします。

①入力する

②タップする

④ [話題のツイート] (iPhoneの場合は [話題])や [最新] などをタップして条件を絞り込むこともできます(Sec.43参照)。

タップする

☑ 検索フィルターを活用する

1 P.98手順④の画面で、⇄をタップします。

2 「アカウント」や「位置情報」を指定し、[適用する]をタップします。iPhoneの場合は「ユーザー」や「場所」を指定し、[適用]をタップします。

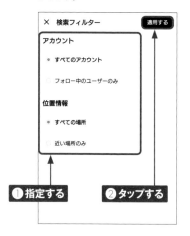

3 指定した条件でフィルターされたポストのみが一覧表示されます。

Memo 履歴から検索する

Xの検索履歴を使って検索を行うこともできます。P.98手順②の画面で [Xを検索] をタップすると、検索欄下部に以前入力したキーワードが表示されます。キーワードをタップして検索を行います。

検索したポストを
絞り込もう

検索したあとに、最新のポストや写真や動画を含むポストを絞り込むこともできます。言葉だけではわかりにくいことでも、画像や動画などの視覚情報付きのポストを見ればひと目でわかります。

☑ 最新のポストに絞り込む

① Sec.42を参考に検索を行い、検索結果が表示されたら、[最新]をタップします。

② 最新のポストが投稿順に表示されます。

③ ○ が表示されるまで画面を下方向にドラッグしてから指を離すと、最新のポストが更新されます。

☑ 写真や動画付きのポストに絞り込む

(1) Sec.42を参考に検索を行い、検索結果が表示されたら、[メディア] をタップします。

(2) 画像や動画が付いたポストが一覧表示されます。気になるポストをタップします。

(3) ポストの詳細が表示されます。画像や動画をタップします。

(4) 画像や動画が拡大表示されます。

Section 44 ハッシュタグでみんなと同じ話題をポストしよう

ポスト内やポストの最後にハッシュタグを付けて投稿すると、同じトピックについて検索したアカウントの目に付きやすくなります。上手に利用することで、イベントやテレビ番組などの話題を多くの人と共有して楽しめます。

☑ ハッシュタグとは?

「ハッシュタグ」とは、頭に「#」を付けたキーワードのことです。あるトピックに関する自分のポストを、多くのアカウントに見てもらいたいときに役立ちます。たとえば、あるテレビ番組の感想をポストするとき、文章の末尾に「#（番組名）」と付け加えます。ほかのアカウントが、そのハッシュタグで検索すると、ポストが見つけられやすくなり、リポストや「いいね」をもらえる機会が増えます。

ポストに付いた「#」＋「キーワード」をタップすると、同じハッシュタグの付いたポストを、一覧表示することができます。

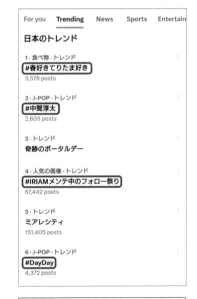

「検索」画面に表示されている「トレンド」（Sec.45参照）には、話題のハッシュタグが表示されることがあります。

☑ ハッシュタグを付けてポストする

① 画面右下の ⊕ → ［ポストする］の順にタップします。

② ポスト入力欄にポスト内容を入力します。

③ 入力したテキストのあとに「#キーワード」（ここでは「#ケーキ屋さん」）を入力して、［ポストする］をタップします。

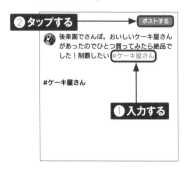

④ 投稿したポストにハッシュタグ（ここでは「#ケーキ屋さん」）が付きます。

Memo **ハッシュタグで使える文字**

ハッシュタグは、興味のある話題に関するポストや、共通の趣味を持ったアカウントを探すのに役立ちます。映画のタイトルやよく訪れる場所の名前など、いろいろなハッシュタグを検索してみましょう。なお、ハッシュタグには日本語と英数字が利用可能です。記号、句読点、スペースは使用できず、挿入するとハッシュタグがそこで切れてしまいます。

☑ ハッシュタグをタップする

① ハッシュタグの付いたポストのハッシュタグをタップします。

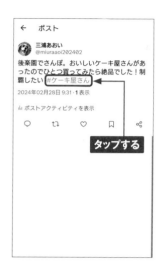

② 共通のハッシュタグで投稿されたポストが一覧表示されます。[メディア]をタップします。

③ ハッシュタグの付いた画像付きポストが一覧表示されます。

Memo ハッシュタグの付けすぎに注意する

ハッシュタグは、文字数の上限以内であれば何個でも付けられますが、効果的なのは2〜3個までといわれています。自分のポストを広めたいがために、流行のトピックをまとめてハッシュタグとすることは迷惑行為とみなされ、報告されることもあります。ハッシュタグを付ける際には、節度ある使い方を心がけましょう。

☑ 複数のハッシュタグで検索する

(1) メニューバーの Q をタップします。

タップする

(2) 「検索」画面が表示されます。検索欄をタップします。

タップする

(3) 複数のハッシュタグを入力して、キーボードの Q（iPhoneの場合は[検索]または[search]）をタップします。

❶入力する
❷タップする

(4) 検索したハッシュタグの付いたポストが一覧表示されます。

Section 45 いま話題になっていることを見つけよう

Xで現在、どのような話題が盛り上がっているのかがわかるのが、「話題を検索」画面です。さまざまなジャンルのトレンドを確認し、検索することができます。ジャンル別に見ることもできます。

☑ トレンドを検索する

1 メニューバーの○をタップします。

2 「検索」画面が表示され、X上で話題になっているトレンドのおすすめが表示されます。画面を上方向にスライドします。

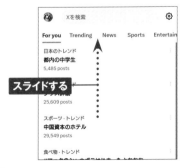

3 各ジャンルのさまざまなトレンドが表示されます。気になるトレンドをタップします。

4 タップしたトレンドのポストを検索した画面が表示されます。

Memo ポストの検索画面以外も表示される

「検索」画面に表示されるトレンドをタップすると、手順④のように「検索」画面が表示されるほか、X社が作成したモーメント（ニュースのまとめ）が表示される場合もあります。

☑ 「日本のトレンド」から探す

1 P.106手順②の画面で、[Trend ing] をタップします。

2 「日本のトレンド」画面が表示されます。画面を上方向にスライドします。

3 現在日本で話題になっている上位29のトレンドが表示されます。気になるトレンドをタップします。

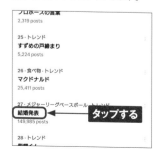

4 タップしたトレンドのポストを検索した画面が表示されます。

Memo トレンドをジャンル別に見る

「検索」画面で「For you」の箇所を左方向にスライドし、[News] や [Sports] [Enter tainment] をタップすると、それぞれのジャンルに関するトレンドを見ることができます。

Section 46 気になるアカウントをリストで整理しよう

リストを作成し、テーマごとにアカウントを登録しておくとポストを確認しやすくなります。多くのアカウントをフォローしたことによって管理が大変になったときに、活用しましょう。

☑ リストを作成する

リストとは、登録したアカウントのポストのみを一覧表示させる機能です。たとえば、好きな芸能人のポストをまとめたいときに、「芸能人」という名前のリストを作成します。そのリストに芸能人のアカウントを登録しておくと、登録されたアカウントのポストだけを表示するタイムラインが完成します。

① 画面左上のアカウントアイコンをタップします。

② [リスト] をタップします。

③ 「リスト」画面が表示されたら、⑤ をタップします。

Memo リストの個数制限

Xのリストは、1,000個まで作成できます。また、リストには最大5,000アカウントまで登録できます。

④ 「リストを作成」画面が表示されるので、リストの名前と説明を入力し、[作成]をタップします。

⑤ 「リストに追加」画面が表示されるので、ここでは[完了]をタップしてリストの作成を完了させます（アカウントを追加する方法は、Sec.47で解説します）。

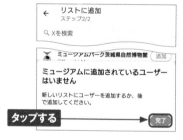

⑥ 作成したリストを見るには、画面左上のアカウントアイコンをタップして、メニューの[リスト]をタップします。

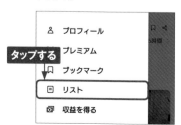

⑦ 見たいリストをタップします。

⑧ リストに追加したアカウントのポストが表示されます。

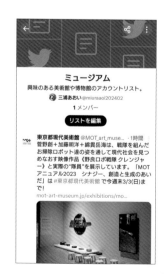

Section 47 作ったリストを 編集しよう

作成したリストは、あとからアカウントを追加したり、削除したりすることができます。初期状態のリストは公開され、誰でも見ることができますが、非公開にすることで見られないようにすることも可能です。

☑ リストに新しくアカウントを追加する

(1) リストに追加したいアカウントのプロフィール画面を表示し、● (iPhoneの場合は ●●●) をタップします。

(2) [リストに追加/削除] (iPhoneの場合は [リストへ追加または削除]) をタップします。

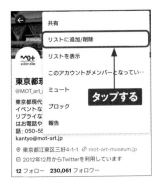

(3) 追加先のリスト名をタップすると、アカウントを追加できます。

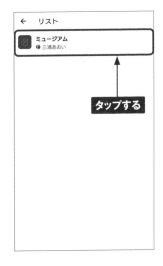

Memo リストへの追加は フォローには含まれない

アカウントをリストに追加しても、そのアカウントのフォロー数やフォロワー数は変化せず、ポストが自分のタイムラインに表示されることもありません。

☑ リストからアカウントを削除する

① P.109手順⑥〜⑧を参考に編集したいリストを表示し、[リストを編集]をタップします。

ミュージアム
興味のある美術館や博物館のアカウントリスト。

🌐 三浦あおい @miuraaoi202402

7メンバー

タップする → リストを編集

東京都現代美術館 @MOT_art_muse... ・1時間
菅野創＋加藤明洋＋綿貫岳海は、戦隊を組んだ
お掃除ロボット達の姿を通して現代社会を見つ
めなおす映像作品《野良口ボ戦隊 クレンジャ
ー》と実際の"隊員"を展示しています。「MOT
アニュアル2023 シナジー、創造と生成のあい
だ」は #東京都現代美術館 で今週末3/3(日)ま
で!
mot-art-museum.jp/exhibitions/mo...

② 「リストを編集」画面が表示されたら、[メンバーを管理]をタップします。

← リストを編集

名前
ミュージアム

説明
興味のある美術館や博物館のアカウントリス
ト。

非公開
リストを非公開にすると、他のアカウントが表示でき
なくなります。

メンバーを管理

リストを削除

タップする ↑

③ リストに追加したアカウントが一覧表示されます。削除したいアカウントの右側にある[削除]をタップします。

← メンバーを管理

ユーザー　　　　　　おすすめ

東京都現代美術館 ✓
@MOT_art_museum　　　　　　削除

東京都美術館
@tobikan_jp　　　　　　削除

国立新美術館 NACT ✓
@NACT_PR　　　　　　削除

東京都庭園美術館 / Teien Art M... ✓
@teienartmuseum　　　　　　削除

東京国立近代美術館 MOMAT ✓
@MOMAT_museum　　　　　　削除

森美術館 Mori Art Museum ✓
@mori_art_museum　　　　　　削除

サントリー美術館 ✓
@sun_SMA　　　　　　削除

↑
タップする

第4章 Xをもっと楽しもう

Memo リストを非公開にする

手順②の画面で「非公開」をオンにすると、リストを非公開にすることができます。作成済みのリストでは、P.110手順③の画面から操作が可能です。

非公開
リストを非公開にすると、他のアカウントが表示でき
なくなります。

メンバーを管理

リストを削除

Section 48 ほかの人が作ったリストを フォローしよう

ほかのアカウントが作成し、公開しているリストはフォローすることができます。リストをフォローすることで、そのリストを確認しやすくなります。また、フォローはいつでも解除することができます。

☑ ほかの人が作ったリストをフォローする

1 アカウントのプロフィール画面を表示し、● (iPhoneの場合は ●●●) をタップします。

上野動物園 [公式]
@UenoZooGardens

タップする

上野動物園は1882年に開園した日本で最初の動物園です。当園の多様な魅力と最新情報をお伝えします！（※個別のご質問等には対応しておりませんのでご了承下さい）公式インスタグラムアカウントはこちら→ instagram.com/ueno_zoo_offic...

◎ Tokyo, Japan ⦿ tokyo-zoo.net/zoo/ueno/
🗓 2013年2月からTwitterを利用しています

9 フォロー **1,091,509** フォロワー

2 [リストを表示] をタップします。

共有
リポストをオフにする
リストに追加/削除
リストを表示
このアカウントがメンバーになってい...
ミュート
ブロック **タップする**
報告

3 フォローしたいリスト名をタップします。

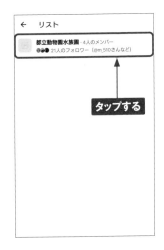

← リスト

都立動物園水族館 · 4人のメンバー
●●● 21人のフォロワー（@m_510さんなど）

タップする

Memo 自分で作成した リストとの違い

リストをフォローすると、自分で作成したリストと同様に利用することができます。ただし、フォローしたリストにまとめられているアカウントを追加・削除することはできません。

④ リストが表示されたら、［フォロー
する］をタップします。

⑤ リストのフォローが完了します。フォ
ローしたリストを見るには、P.109
手順⑥～⑧を参考に操作を行い
ます。

タップする

Memo　リストをフォローしたことは知られる？

リストをフォローすると、そのリストを作成したア
カウントにフォローしたことが通知されます。ま
た、手順⑤の画面の［フォロワー］をタップする
と、下図のようにフォローしているアカウントが
一覧表示され、誰がリストをフォローしているか
確認できます。

第4章　Xをもっと楽しもう

113

☑ リストのフォローを解除する

(1) P.109手順⑦の画面で、フォローを解除したいリストをタップします。

(2) リストが表示されます。[フォロー中]をタップします。

(3) リストのフォローが解除されます。

(4) 「リスト」画面の一覧からも削除されます。

Memo フォローしたリストが削除／非公開にされた場合

フォローしたリストが削除された場合は、フォローが自動的に解除されます。また、リストが非公開に変更された場合もフォローが自動的に解除されます。

Section 49 スペースで聞こう／会話しよう

スペースとは、誰でも音声配信ができるサービスです。有名人の配信を聞いたり、スペースを作成してほかのアカウントと通話したりします。スペースは、最大10人で会話することができます。リスナーには人数制限はありません。

☑ スペースとは

スペースとは、音声配信ができるサービスです。Xの利用者であれば、スペースを聞いたり、スペースを作成したりすることができます。有名人のスペースを聞くという利用が多いと思いますが、スペースを作成して、ほかのアカウントを招待し、会話を楽しむという活用方法もあります。

スペースは、タイムラインの上部に表示されているスペースのタイトルをタップするだけで聞くことができます。ホストはスペースの作成予約もできるため、事前に開催をポストで告知する場合もあります。アカウント通知（Sec.41参照）を有効にしていると、スペースが開始されたときに通知されるため、聞き逃しがなくなります。

> ホスト（スペースの作成者）は、スピーカーの参加を許可するかどうか、スペースを録音するかどうかといった多くの権限を持っており、迷惑行為を行うアカウントが参加してきたとしても対策できるようになっています。

用語名	意味
ホスト	スペースを作成したアカウントです。配信の開始、終了、スピーカーの管理などができます。
リスナー	スペースの視聴者です。ホストに会話の許可を申請できます。
共同ホスト	ホストが招待したアカウントです。ホストと同等の権限を持ちます。
スピーカー	ホストから会話の許可を得たアカウントです。

☑ スペースを聞く

① フォローしているアカウントがスペースを開始すると、タイムラインの上部に表示されます。スペースのタイトル（ここでは［最近のはなし!］）をタップします。

② 「スペースへようこそ」画面が表示されたら、［OK］をタップします。

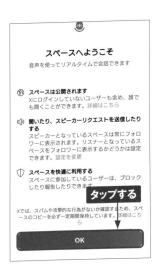

③ ［聞いてみる］をタップします。

④ スペースが聞けるようになります。ホストは、スペースに参加したアカウントを確認できます。

☑ スペースを作成して配信する

1 ＋をタップします。

3 [OK] をタップします。

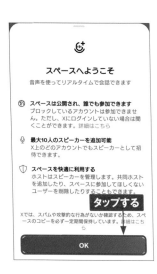

2 [スペース] をタップします。

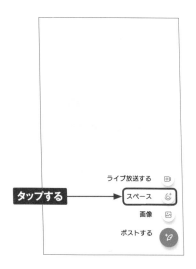

4 テーマを入力して、[スペースを開始] をタップします。

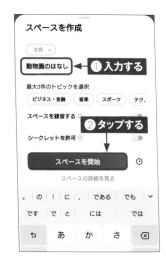

（５）アカウントをリスナーとして招待できます。ここでは [スキップ] をタップします。

（７）マイクがオンになり、話ができるようになります。[終了] をタップします。

（６）スペースが始まります。[マイク:オフ] をタップします。

（８）[終了する] をタップすると、スペースが終了します。

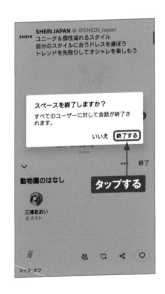

☑ ホストが設定できること

●スペースを録音する

（1）P.117手順④の画面で、[スペースを録音する]をタップしてオンにします。

（2）[OK]をタップすると、スペースが終了したあとも、録音した音声が聞けるようになります。

●スピーカーを削除する

（1）P.118手順⑥の画面で、削除したいスピーカーをタップします。

（2）[スピーカーから削除]→[スピーカーを削除]の順にタップします。

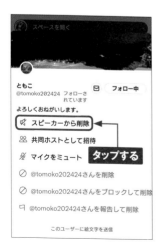

Section

50 有料プランの機能を 知ろう

Xの有料プラン「Xプレミアム」に加入するとさまざまな拡張機能を使用できるようになります。もっとXを活用したい、企業の公式アカウントを運用したいといったときは加入を検討するとよいでしょう。

☑ Xプレミアムとは

XプレミアムとはXの有料プランであり、加入すると、ポストの編集、認証済みバッジの表示、2要素認証の利用といった拡張機能が使用できるようになります。

●ポストが編集できる

投稿から1時間以内であれば、ポストの内容を編集できます。編集内容は公開されるため、編集前の内容が消えるわけではありません。

●25,000字まで入力できる

ポストへの入力文字数の制限が140字から25,000字に増えます。タイムラインには、最初の140字のみ表示されます。

●2要素認証を利用できる

ログインの際に、パスワードだけでなく、電話番号やメールアドレスを使った認証を追加できます（Sec.64参照）。

●「いいね」欄を非表示にできる

自分の「いいね」欄を非表示にすることができます。見られたくないときに利用しましょう。

☑ Xプレミアムの各プランについて

「ベーシック」「プレミアム」「Xプレミアムプラス」それぞれのプランでできることを紹介します。「Xプレミアムプラス」はプランのなかでも最上位のもので、「ベーシック」「プレミアム」の機能に、広告数を減らす、リプライを表示させやすくするなどの高度な機能が加わります。加入を検討している場合は、プランでできることとXアカウントをどのように運用したいかを合わせて考えましょう。プランの内容や料金は2024年3月の情報です。

	ベーシック	プレミアム	Xプレミアムプラス
料金（Android）	650円／月または6,800円／1年	1,380円／月または14,300円／1年	3,580円／月または37,500円／1年
料金（iPhone）	600円／月または6,000円／1年	1,380円／月または14,300円／1年	3,000円／月または35,000円／1年
ポストの編集	○	○	○
ポストを25,000字まで入力する	○	○	○
2要素認証	○	○	○
自分の「いいね」欄を非表示にする	○	○	○
ポストから収益を得る	×	○	○
アナリティクスデータの確認	×	○	○
タイムラインの広告数を減らす	×	×	○

Memo **「プランに加入しないといけない」ということではない**

Xの有料プランは、あくまで拡張機能が使えるようになるという内容です。有料プランに加入しなくても、じゅうぶん安全に、楽しく利用できます。「プランに加入しないといけない」ということではありません。

Memo ポストを見てもらってお金がもらえる?

「Xプレミアム」や「Xプレミアムプラス」に加入すると、ポストのエンゲージメントによって収益の配分を受け取れるようになります。ポストのエンゲージメントとは、インプレッション(ポストを見られた数)や「いいね」「リポスト」といった反応の合計で、エンゲージメントが多ければ多いほど、収益を多く得られるしくみです。ただ、2024年3月現在、ポストの収益化が始まって間もないこともあり、収益額は安定していません。

なお、収益を受け取れるようになるには「プレミアム」か「Xプレミアムプラス」に加入していることのほかにも、過去3カ月のインプレッション数が500万件以上、フォロワーが500人以上といった条件があります。

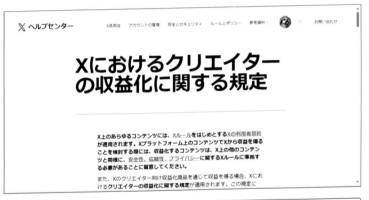

Xにおけるクリエイターの収益化に関する規定(https://help.twitter.com/ja/rules-and-policies/content-monetization-standards)では、収益化の条件や規定などを確認できます。Xアカウントの収益化を考えている場合は確認しましょう。